經理人 02
Manager

CEO這麼說

朱家祥　著

臺灣商務印書館　發行

推薦序（一）

在過去三十多年來的教書生涯，以及後來服務公職也超過十年的期間，有一個深刻的體驗是：不論經濟情勢如何變化，也不論有多少新的經濟理論被提出，最後禁得起考驗的始終是最基礎簡易的經濟學原則。詭譎的金融市場亦然。市場運行的基本原理，並未因市場結構的轉變而崩潰，反而是因應市場不斷有新事務的出現，導致市場交易的型態、方式、數量一直在改變，但市場運作的基本原則、原理仍在那裡。

朱教授援引了許多經濟學家與華爾街經理人的箴言，其中有深刻、嚴肅、詼諧、戲謔不同的風貌。本書加入了朱教授個人的評論，用輕鬆的觀點來闡明金融市場的運行法則，言簡意賅，非常適合一般大眾閱讀。如果您是初學的投資人，推薦您把這本書讀一遍。如果您想成為終身的投資人，一年之後，再唸一遍。

台灣金融研訓院院長　薛琦

推薦序（二）

　　管理之道不全在於高深的學術理論。管理學沒有定理，同一套管理策略，在不同時空下，施行的效果也未盡相同。因此，他人的經驗有助於自己管理思想的形成。朱教授的這本執行長雋語錄，提供了數十位專業經理人在企業管理上深刻的體驗，內容生動，發人省思。作者的評論簡潔，但訊息含量高，堪稱擲地有聲。對於時間寶貴，無暇深究大部頭管理理論的經理人，這是一本短時間可讀完，卻又獲益良多的小冊子。除企業管理的部分外，金融市場專家的名言，也可以幫助我們釐清與建立正確的金融投資概念，從而建立健全的金融投資心理。

　　熟讀書中的名言，在公開場合談話時，可以隨時沿用成引言，或結語。運用名言的說服力，例如「前奇異公司執行長威爾許說過……」，當然會比第一人稱的用法，例如「我認為……」，要來的強大。這正是本書值得推薦的第二個地方：熟讀本書可以提高說服力。

　　不論您現已是經理人，或是將來想成為經理人，這都是一本值得推薦的好書。

台灣戴爾電腦公司總經理　石國揚

推薦序（三）

　　第一次見到朱教授的文章是在《經濟日報》副刊的專欄。其文簡潔扼要，幾分鐘讀完的第一印象，就是痛快兩字。但痛快讀完之後並不是忘記，反而是常在腦中反覆咀嚼原文與評論。觀念的行銷講求效率。沒有聚焦的長篇大論是交流的大忌。因此，我對這本書的評語是：管理觀念的高效行銷。

　　每當朱教授的短文一刊登，專欄的內容就成了王品企業董事中常會的討論題材。最後乾脆請朱教授到中常會，直接面對面討論。書中蒐集的名言，有許多是企業執行長管理經驗的累積。道理簡易的句子常是返璞歸真的心得，而不是來自於淺薄的經驗。原則通常是很直觀的概念，複雜的是屬於專業的問題。管理講求的是形而上的原則。無為而治、分工授權或集權管理，不論何種模式，全是原則的運用。專業則是實行的細節。對有相當經驗的經理人而言，這本書具有原則再提示的作用。

王品集團董事長　戴勝益

作者簡介

朱家祥

　　1959 年出生於臺北。美國加州大學聖地牙哥分校經濟學博士，現任臺灣大學經濟系教授、寶來証券寶華經濟研究院資深顧問。愛好旅行、搖滾樂與被女兒管教。

特約主編簡介

徐桂生

　　文化大學新聞系畢業，任職《經濟日報》三十五年，副刊組主任二十年，其所規劃之「經濟副刊」，多年來引介國內外管理新知五千餘萬言，編輯經營管理書籍逾百冊，影響力深遠。

目 錄

第一章
創業維艱

對一個新企業而言，
最大的挑戰是你必須展翅高飛
才看得到一條行得通的路。

Wisdom of Startup

1.

「企業失敗的第一個主因是企業目標不明；第二個是過度的投資；第三個是切入市場的時機不對。一個早了 20 年或晚了 50 年的好點子都是注定要失敗的，甚至在切入市場時早了 5 年或晚了 5 年都會是致命的錯誤。」

—諾斯寇・帕金森

"First of these is confusion of purpose. Second, over-generous investment, the over capitalized of ventures which may be sound in themselves. Third results in a mistake timing. A good idea can be put forward 50 years too late. A still better idea can be advocated 20 years too soon. Even 5 years either way can be fat-al."

— Northcote Parkinson

〈評論〉

　　探討為什麼一個企業會失敗，就好像是在探討鐵達尼號為什麼會沉沒。是因為冰山的關係（機運太差）？船長的無能（領導的愚昧）？船身的結構不良（管理不佳）？瞭望塔的失誤（缺乏遠見）？鐵達尼號永不沉沒的自大思想（沒有憂患意識）？還是上述原因的總和？

　　企業會失敗當然有多種原因，可嘆的是，很多人總把因管理不善而導致的企業失敗歸諸命運。

2.

「對一個新企業而言，最大的挑戰是你必須展翅高飛才看得到一條行得通的路。」

——麥克・戴爾，戴爾電腦創始人兼董事長

"The challenge in a start-up is that you always have to spread your wings pretty far to see what will work."

— Michael Dell, founder, chairman and CEO of Dell computer

〈評論〉

事實上，一個新企業總是把時間與精力用在憂慮現金流量是否充足，老是在盤算如何又快又不費力地累積更多的現金。不過成功的關鍵並不在於現金的累積，而在於知識的累積。具體地說，這方面的知識包含了：深入的市場研究、對市場長期趨勢的把握，以及如何突破產品（或服務）的優越性等等。無法累積知識的新企業只能像麻雀般在低空處短暫飛行，如果能恰巧碰到一條行得通的路，純粹只是運氣而非遠見。

王國維治學有三個境界，其實企業的發展亦然。

第一境界：昨夜西風凋碧樹，獨上高樓，望盡天涯路。

第二境界：衣帶漸寬終不悔，為伊消得人憔悴。

第三境界：眾裏尋他千百度，驀然回首，那人卻在燈火闌珊處。

3. 「第一點，我要的是一個至少存在 100 年以上的老點子，因為再沒有比教育消費者更昂貴的投資了。第二點，我要找一個老化的產業，老化到大部分的企業都與消費者脫了節。第三點，找一個適當的缺口切入。」

—萊姆‧布勞斯基，選自《Inc.》雜誌

"Number one, I want a concept that has been around for one hundred years or more because there is nothing more expensive than educating a market. Second I want an industry that is antiquated, a business in which most companies are out of step with customer. Third, a niche."

— Norm Brodsky, from "Inc."

〈評論〉

什麼是老點子？以《閣樓》雜誌總裁的話為例：「我們推銷的是一個絕不會過時的點子：性愛。」所以，色情網站一直是電子商務中極少數利潤驚人的網站。

英國美體小舖（Body Shop）公司的總裁安妮塔（Anita Roddick）回憶道：「我研究了整個化妝品產業的走向，然後決定反其道而行。」傳統的化妝品產業著重於臉部的美化，安妮塔的企業方向則設定在臉部之外身體其他部位的美化（所以取名為美體小舖），她改變了整個化妝品產業的面貌。

第二章
企業目標

如果你不能做到盡善盡美，

洗手不幹也罷。

因為如果不是盡善盡美，

結果不是沒有利潤，

就是沒有樂趣。

Business Goal

4.

「藥是為病人而生產的，並不是為了利潤。利潤是自己跟隨而來的。」

—喬治‧默克，美國默克製藥廠創始人

"Medicine is for the patient, not for the profit. The profit follows."

— George Merck, founder of Merck

〈評論〉

舊時，中國的藥店門口經常有這樣一幅對聯：「唯願世間人無病，何妨架上藥生塵。」如此看來，中外企業藥家倒是一般的心腸。

一種企業家的胸懷是：不符合公眾的利益，也不應該是企業的利益。如果創業的目的只是為了賺錢，你最多也只是賺些小錢罷了。你必須要有重視公眾利益的使命感，且熱情的奉行為企業的根本，才會取得真正的成功。

雖然企業家的初衷未必是追求公眾的利益，但是我們看不到一個違反公眾利益的事業成長壯大。美國有兩個過去業績亮麗的產業，因違背公眾利益而逐漸衰退：一是菸草業，二是核電廠。這些產業靠著出口，勉強維持低度的成長。美國菸草業的龍頭——菲利浦‧莫里斯公司（Philp Morris, Inc.），近年來官司纏身，敗訴不斷，原先為菸草業掩護的政客紛紛撒手。製造環境污染的企業也已走入末路，只因這些企業的利益犧牲了公眾的利益。

5.

「一個只對金錢感興趣的人是病態的。我想，同樣的說法也適用於以利潤爲唯一目標的企業。」

—理查德‧哈因，聯美保險公司董事長

"There is something sick about a person whose only interest is money. And the same can be said, I think, for the company whose sole goal is profit."

— Richard Haayen, Chairman of All State Insurance

〈評論〉

　　賀軒公司（Hallmark）的創始人喬伊斯‧霍爾（Joyce Hall）也如此說：「如果個人做生意若只是為了賺錢，結果很可能是一分錢也沒賺到。」

　　金錢是否是衡量成功的普遍標準？根據若普機構（Roper Organization）的調查，美國人以下列標準衡量成就。依序為：

　　‧好丈夫（妻子）、好父親（母親）
　　‧誠實的人
　　‧被朋友尊重的人
　　‧有益社會的人
　　‧有知識的人
　　‧有財富的人
　　‧有權力的人

　　如果台灣也進行同樣的問卷調查，不知財富與權力會排在第幾位？

6. 「如果你不能做到盡善盡美，洗手不幹也罷。因為如果不是盡善盡美，結果不是沒有利潤，就是沒有樂趣。如果不是為了利潤或樂趣，那你在商界裡混什麼？」

—羅伯特・湯森，艾維斯租車公司總裁

"If you don't do it excellently, don't do it all. Because if it is not excellent, it won't be profitable or fun, and if you are not in business for fun or profit, what the hell are you doing there？"

— Robert Townsend, President of Avis

〈評論〉

什麼標準是盡善盡美呢？舉兩個生產線上的例子。1989 年，曼徹斯特公司供應本田汽車美國分廠總計 54 萬個零件，其中只有 7 個是壞的。美國摩托羅拉的品管目標是，每製造 10 億個零件中，缺陷產品的件數不得多於 60 個。畢恩公司（L. L. Bean）在行政業務上真正的做到了盡善盡美，在 1992 年春季總計 50 萬個客戶訂單中，從建檔到最後將產品送交客戶的流程裡，沒有出現一個錯誤。

如果在一個假冒偽劣充斥市場的環境中，根本沒有追求盡善盡美的概念。要知道：成品就是誠品，次品等於廢品。張瑞敏初掌海爾，當著全體員工面前，搗毀標示著「二級品」的海爾電冰箱時，心裏也是這麼想的吧！

7. 「不成爲一位企業開拓者便是開啓了下跌與衰敗的過程。」

— 佛來德‧史密斯，聯邦快遞公司執行長

"Not to be an entrepreneur is to begin the process of decline and decay."

— Fred Smith, CEO Federal Express Corporation

〈評論〉

　　聯邦快遞無疑是個偉大的企業，公司的名稱「Fedex」早已成爲通用的代名詞。由公司名稱成爲英語詞彙的例子還有：「可口可樂（Coke）」、「吉普（Jeep）」、「全錄（Xerox）」等。

　　1965 年史密斯在讀耶魯大學時，初步產生了郵件隔日快遞的想法，並寫了一份構想當期末報告，不過卻得了個大 C（不知道那位任課教授是誰？）。

　　創業的企業家轉型成管理的經理人是一個痛苦的過程，成者敗者皆有，難有一般化的論斷。史密斯認爲相反的過程更是企業興衰的關鍵，亦即經理人必需要保有開拓的企業精神——其實，也就是創新。聯邦快遞根本的創新來自一個概念：郵件運送的資訊與郵件本身一樣重要。因此，聯邦快遞是最早應用 IT 的企業，比電子商務更早的電子商務。

第三章
競爭策略

射擊在還未被射擊過的地方，
火力集中在被忽視與未開發的市場。
你不會有百分之百的訊息
來做最正確的決定。

Competitive Strategies

8.

「企業策略的擬定並不是火箭科學。身為主管的你應該知道自己與競爭對手的優劣勢、生產成本的高低，以及企業的經營方向。但是，有紀律地執行既定的策略可不是件容易的事。」

—勞倫斯・波西迪，美國聯合訊號公司執行長

"There is no rocket science to strategy. You're supposed to know where you are, where competitor is, what your cost position is, and where you want to go. Strategies are intellectually simple; their execution is not."

— Lawrence Bossidy, CEO of Allied Signal

〈評論〉

策略其實可以是一個非常簡單的概念，簡單到我們甚至會誤以為企業並沒有策略。由於執行既定的策略並非易事，所以企業要有持續性的商業戰術會議。藉著戰術會議中接連不斷的討論，決策於焉誕生。

買賣過股票的人更應能體會到，有紀律地執行既定的交易策略絕不是件易事。

9. 「策略轉折點是在企業的生命中，企業根本形態即將改變的某個關鍵時刻。這個改變可能意味著更上一層樓的機會，但是它也可能是一個開始走入滅亡的警訊。」

——安迪・葛洛夫，英特爾公司董事會主席

"A strategic inflection point is a time in the life of a business when its fundamentals are about to change. That change can mean an opportunity to rise to new heights, but it may just as likely signal the beginning of the end."

— Andy Grove, Chairman of the board, Intel

〈評論〉

英特爾在 1968 年以製造半導體晶片開始創業，10 年之後以編號 1103 的記憶晶片席捲全球晶片市場。當時全球對 1103 晶片的需求量遠遠超過英特爾的生產能力，可是日本廠商在此時加入了晶片市場，挾著大量的資金（這得感謝日本政府的工業政策）與大規模生產晶片的技術，日本廠商開始大量製造高品質、低價位的晶片，因而攫奪了大部分的市場。

惠普公司甚至公開讚揚日本晶片的品質確實勝過英特爾，客觀的形勢不利於美國的晶片產業。數據顯示，日本晶片的市場佔有率從 1976 年的 28%，提高至 1988 年的 60%，美國則由 58% 降低至 39%。

英特爾面臨了一個策略轉折點：該怎麼辦？葛洛夫回憶道：「如果我們奮力迎戰日本的競爭，以英特爾的品牌聲譽，或許可以賣到 2X 的價格（X 是日本晶片的價格），但是如果這個 X 愈來愈小，去拼一個 2X 又有什麼好處？」

當然，我們都知道英特爾做了什麼決定，毅然退出了記憶晶片市場，並投入微處理器的開發。1990 年，英特爾以奔騰 386 微處理器奠定了產業龍頭的地位。日本晶片廠的強大競爭，雖然醞釀了一個英特爾生死存亡的策略轉折點，但也造就了今天 300 億美元營業額的英特爾。

10.

「在房地產界，成功的三個關鍵是：地點、地點，與地點。在企業界則是：求異、求異，與求異。」

——羅伯特·古茲維塔，可口可樂公司執行長

"In real estate, it's location, location, and location. In business it's differentiate, differentiate, and differentiate."

— Robert Goizueta, CEO of Coca-cola

〈評論〉

獨占競爭是最普遍的市場結構，產品間的替代性高，唯有求異才是致勝策略。求異不限於體現在產品上（在產品上的叫創新或改良），服務也可求異。

11.「一個起初看好的策略可能會因為對手的反制而遭到破壞。所以策略的高下並不取決於第一著的成敗，而是取決於它是否有後發制人的第二著、第三著，以及它是否能夠最終贏得顧客對自己產品的需求。」

—摘自《沃頓動態競爭策略》

"An initially promising strategy can be undermined by moves of rivals. Strength is determined not by the initial move, but rather by how well it anticipates and addresses the moves and countermoves of competitors and shifts in customer demand over time."

—"Wharton Dynamic Competitive Strategy"

〈評論〉

　　下棋的人必然了解策略是一個動態的規畫。棋局再怎麼詭譎，勝利永遠是屬於犯了倒數第二個錯誤的人。策略的動態過程可以從歷史上幾個激烈的超級競爭觀察：在可樂戰爭中，可口可樂在行銷上的第一著總遭到百事可樂強大的反制；同樣地，百事可樂的回應策略也遇到可口可樂的立即調整。

　　MCI 與 AT&T 的廣告戰幾乎到了瘋狂的程度，戰後的檢討發現兩家電話公司在廣告上的費用高達 10 億美元；底片戰爭亦同樣激烈：每當柯達公司推出一項新品後，富士公司也必即時跟進對抗。

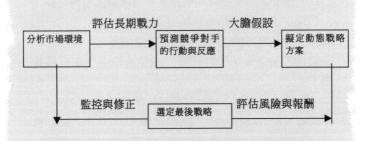

策略不是靜態地假設對手按兵不動，更不會是一套詳盡的技術操盤手冊。策略動態規畫的基本結構如下：

策略絕不是奉行不渝的理念或主義，而是循環不息的動態規畫。

12. 「在競爭上取得先機的企業，例如：新產品快速上市、新產品即時生產，或是迅速處理顧客的投訴等，通常在其他業務上也有很好的表現。」

—喬治・斯托克等，波士頓顧問集團

"Companies that compete effectively on time- Speeding new products to market, manufacturing just in time, or responding promptly to customer complaints- tend to be good at other things as well."

— George Stalk, Phip Evans & Lawerence Shulman, Boston Consulting Group

〈評論〉

　　新產品推出的時機是競爭的重要關鍵！麥肯錫顧問公司的研究顯示，如果一個符合研發預算的新產品晚了六個月推出，它的盈利率將減少33%；相反地，一個超出研發預算50%的新產品若能適時推出，它的盈利率僅會減少4%，所以佔領先機遠比研發成本來得重要。

　　巴爾札克說：「第一個把女人比作花的人是天才，第二個把女人比作花的人就是笨蛋。」 無論對於藝術還是生意，始創和佔領先機都能使企業邁向成功之路。

13.

「射擊在還未被射擊過的地方，火力集中在被忽視與未開發的市場，專注精神，小心瞄準，然後發射。你不會有百分之百的訊息來做最正確的決定，到了該行動時，你得衝上山頭。」

—麥克・魯特格爾斯，EMC公司執行長

"Hit them where they ain't. Focus early on overlooked, underserved markets, aim carefully without getting distracted, then fire. You don't have 100 percent data to make the right decisions. When it's time to move, you take the hill."

— Michael Ruettgers, CEO of EMC

〈評論〉

超微（AMD）選擇了一個未開發的市場：美金千元以下的個人電腦，集中火力以K6微處理器與高價的英特爾奔騰處理器競爭。在英特爾措手不及的情況下，超微已衝上了山頭。英特爾總經理巴雷特（Craig Barrett）說：「我頭疼最厲害的地方就是超微比我們快了好幾步，發掘出成長潛力無窮的低價個人電腦市場。」超微應該為英特爾的頭痛而感到驕傲，這種來自對手的讚美意味著真正的成功。

14. 「再沒有比拋棄往日的思路、策略與偏見更困難的事了。雖然過去正確決策的將企業推進到當今的成就，但企業得學習忘記過去的經驗，擺脫昨日的智慧。」

—艾克哈德·菲弗，康柏電腦公司執行長

"Nothing is harder than casting aside the thinking, strategies ant biases that propelled a business to its current success. Companies need to learn to unlearn, to slough off yesterday's wisdom."

— Eckhard Pfeiffer, CEO of Compaq Computer

〈評論〉

面對詭變商情擬定策略時，多數人容易自覺或不自覺地掉入下列三個致命的陷阱：

①相信昨日的對策可以解決今日的問題。

②判定當前的走勢將持續至未來。

③忽略商情變化所帶來的嶄新商機。

全球化經營、網路的興起、日本經濟衰退等90年代的大變化，使得80年代的企業經營顯得像是在公園裏散步般地優閒。你領導下的企業的創下了耀眼的80年代，但如果僅僅是將80年代的成功經驗繼續應用在90年代，恐怕不會再聽到掌聲，也不會再面對鎂光燈。

美國企業界的半玩笑話：「要搞垮一家企業？派一個經驗豐富的人去做執行長就得了。」菲弗先生一定深有同感。

15.「一個僅是為了競爭而競爭；為了逐退對手而競爭的動機，是絕不會持久的。最令人懼怕的競爭對手，是一個完全不理會你，可是卻隨時不斷地在改進自己的企業。一個依靠改良與發展而成長的企業不會凋謝；相反的，一個停止創新的，不再有改良與發展，而僅從事於生產的企業勢必完蛋。」

—亨利・福特，福特汽車公司創始人

"Competition whose motive is merely to compete, to drive some other out, never carries very far. The competitor to be feared is one who never bothers about you at all, but goes on making his own business better all the time. Business that grows by development & improvement do not die. But when a business ceases to be creative, but produce-no improvement, no development -it is done."

— Henry Ford

〈評論〉

　　福特先生強調的是正面的競爭手段，而麥當勞的創始人雷・克羅克（Ray Kroc）的正面競爭策略是：「著重於自己的優勢，強調品質、服務、衛生與價格。如此一來，競爭對手將為了迎頭趕上而疲於奔命。」

　　每個企業都可以採取簡單的降價競爭策略，但是你需要更正面的競爭才能徹底擊敗對手。麥當勞的管理智慧說明了一個道理：高薪水並不等於高品質的服務，低工資也絕不意味著低品質的服務。你們覺得高薪水的銀行職員與低工資的麥當勞員工，誰的服務品質較高呢？我們的發現是：高品質服務的決定因素是高品質的管理，而未必是高工資。

16. 「由於不能容忍失誤，我們變得毫無競爭力。一旦你讓避免失敗成為決策的動機，你就注定地走入一條死寂的道路。這樣的話，你當然不會摔跤，因為你壓根兒就沒有任何行動。」

——羅伯特・古茲維塔，可口可樂公司執行長

"We become uncompetitive by not being tolerant of mistakes. The moment you let avoiding failure become your motivator, you're down the path of inactivity. You can stumble only if you are moving."

— Robert Goizueta, CEO of Coca-Cola

〈評論〉

　　如果你不摔跤又怎麼會知道問題的所在？如果你不摔跤又怎麼會驚慌呢？只有當你摔得滿身傷痛，慌得無所適從時，你才能體會英特爾董事會主席葛洛夫的名言——唯偏執狂得以倖存的理念。

　　小說家沈從文對畫家黃永玉說過一段話：「人這一輩子，有三點要記牢：一、摔倒了爬起來，繼續前進，不要欣賞自己砸的那個坑；二、永遠對這個世界和人生充滿愛；三、死死地抱著自己的專業，永不鬆手。」

17. 「流行來，流行去，我們專注在自己最擅長的事。」

—比爾‧史提爾，輝瑞製藥執行長

"Fads come, Fads go, We concentrate on what we do best."

— Bill Steere, CEO of Pfizer

〈評論〉

80年代最流行的經營概念之一是集團企業，其背後邏輯是：如果一個子公司營運不佳，其他的關係企業可以產生紓困的作用。中國大陸的企業最流行掛上集團兩字了，名片上的公司名稱下若無集團兩字，簡直就像矮了半截。

史提爾完全不認同集團概念，他說：「如果核心的製藥企業出了問題，還能怎麼辦？根本完全沒救。」92年時，與製藥不相關的關係企業占輝瑞總資產的比例高達40%，史提爾上任的第一件事是開始企業瘦身，全數出售「沒關係」的「關係企業」，建立研究導向的輝瑞製藥，研究投入的規模是六千名專家及每年20億美元的經費，威而剛正是他專注加上運氣的成果。

18.

「我不喜歡我的競爭對手。我從不跟他們應酬，不跟他們吃飯，不跟他們一起做任何事，我一心一意地想徹底消滅他們。」

─休‧麥考爾，美國國民銀行執行長

"I don't like my competitors. I don't eat with them, I don't do anything with them except try to waste them."

─ Hugh McColl, CEO, Nations Bank

〈評論〉

這真是高昂的鬥志！很多企業家具備這類兇悍的氣質。美國 B&J 飲料的總裁曾說：「我不要大部分的市場佔有率，我要全部！成為第一，我趾高氣揚；成為第二，還差強人意；如果只是產業中的前十大廠之一，那真是一種恥辱。」

兇悍執行長選定的衝刺目標也許會過高，但滑稽的是，如果你堅定地拒絕次好的目標，有時最好的結果會等著你去收成。

19.「做企業你永遠處於弱勢，如果你能把自己放在一個弱者位置，就有目標，就可以永遠的前進。」

——張瑞敏，中國海爾集團總裁

〈評論〉

　　一位真正的企業家必須有正常的心態和性格，正常的心性往往源自於一種堅定的處世哲學。張總裁正是這樣的企業家，靜而不止、勇而不剛的弱者心性是不是像《道德經》上的「柔弱勝剛強」呢？面對自己的心性拷問，張瑞敏如是說：「我現在的心情，每天還是八個字——戰戰兢兢，如履薄冰。一個人若自以為達到完美，便要開始走下坡路。企業發展到這麼大，一招不慎會就會滿盤皆輸。人心不靜，爭名逐利時，決策很容易變味、偏向，所以我每天還是非常努力，非常刻苦，非常謹慎，做好每一件事。」

第四章

執行長寫真

工業時代，執行長端坐在
金字塔管理結構的最上層；
在資訊時代，
執行長必須傾聽人們的構想，
而且不論這個人在公司組織的職位高低。

CEO Profile

20.「執行長的專業即是決策。執行長下決策時對抗的是未來的不確定性，而任務是克服執行上的困難。姑且不論結果是由於運氣或是智慧，在下決心的那一刻，無疑是執行長職業生涯內最具開創性與關鍵性的大事。」

—無名氏

"The business executive is by profession a decision maker. Uncertainty is his opponent. Overcoming is his mission.Whether the outcome is a consequence of luck or of wisdom, the moment of decision is without doubt the most creative and critical event in the life of the executive.

— Anonymous

〈評論〉

哈佛大學商學院教授理查‧凡西（Richard Vancil）的研究顯示：每年大約有百分之十的新任執行長被解職下台，主要的原因是缺乏政策決心。決策的關鍵並不在於對與錯，是如何在可能的行動方案中認定最有效的一個。最後的決定極可能僅是「也許」而已，起初滿心篤定的決策可能止於疑惑；而開始滿心疑惑的決策終將篤定。執行長的任內本應承受挫折與後悔。沒有挫折感或從不後悔的執行長應該馬上辭職。

行動是成功的必要條件，不做決策是最致命的錯誤，因為不做決策等於不行動。迪士尼首席執行長麥克·艾斯納說：「決策錯誤不見得是壞事，但也別養成犯錯的習慣就是了。」

21.「一位優秀的執行長所應具備的特質是：1、頑強的個性；2、不屈不撓的精神；3、反敗為勝的能力；4、堅強的自信；5、事在人為的衝勁。」

——里奧納多·安勃羅姆森，美國健康護理機構執行長兼總裁

"The most required aspects necessary to succeed as a CEO are： 1.Tenacity,2.Perseverance,3.The ability to come back on your behalf,4.The conviction you know you're right no matter what,5.The commitment to make things happen."

— Leonard Abramson, CEO and President of U.S. Health Care

〈評論〉

讓我們看看其他的執行長有什麼說法。

大陸航空（Continental Airline）的貝休恩：「必須要正直。正直就像氧氣，一個人若沒有了氧氣，誰還在乎他其他的特質」。

德州儀器（Texas Instruments）的恩濟伯斯：「發

展致勝戰略的能力。」

　　史戴波公司（Staples）的斯坦伯格：「集天下英才而用之的能力。」

　　最佳買點公司（Best Buy）的舒爾茨：「洞察力。」

　　思科公司（Cisco）的錢伯斯：「誠實。」

　　艾爾帕索能源公司（EL Paso Energy）的瓦爾斯：「創造力與判斷力。」

　　奇異公司（GE）的威爾許：「第一是精力，智慧、勇氣也極端重要。然後還必須有創造時勢的衝勁。」

22. 「一個企業的成功應該決定於其策略與創意，不受限於其管理人的能力。身為一個執行長，我很瞭解我自己的長處與短處。」

——麥克・戴爾，戴爾電腦公司執行長

"A company's success should always be defined by its strategy and its ideas- and it should not be limited by the abilities of the people who are running it.As a manager and CEO, I am aware of my strengths and weakness."

—— Michael Dell, CEO of Dell computer

〈評論〉

　　高階管理階層需要有四種類型的人來執行工作：深思熟慮型、令行禁止型、人情練達型以及衝鋒陷陣型。我們幾乎不可能在一位執行長身上同時發現這四種特質，由此可見用人與分工的重要性。一個不知授權、大事小事獨攬的執行長，是企業成長停滯的主因。

23.

「工業時代，執行長端坐在金字塔管理結構的最上層，他不需要聽取任何人的意見。在資訊時代，執行長必須傾聽人們的構想，而且不論這個人在公司組織的職位高低。」

—約翰・史考利，前蘋果電腦公司執行長

"In the industrial age, the CEO sat on the top of the hierarchy and didn't really have to listen to anybody. In information age, you have to listen to the ideas of people regardless where they are in the organization.

— John Sculley, former CEO, Apple Computer Co.

〈評論〉

　　傳統的企業執行長是那種約翰・韋恩式的獨行俠，是雙手掌握無上權利的皇帝。他們是一批獨斷、專橫、

妄自尊大的官僚，他們懷著藐視一切的態度：「只有我
瞭解這個企業，為了公司的前途我知道該怎麼做，沒有
人能告訴我該怎麼做。」

　　到了 80 年代，執行長是一批貪婪的掠奪者，為了
籌措購買豪華噴氣客機的費用，而解雇默默為企業效力
的忠實員工。90 年代的執行長就大不相同了，他們是
上流社會的貴族，資訊時代的英雄，主導了企業，甚至
產業的發展，並創造了巨大的財富。1997～1999 年
間，以股票報酬率計算，成績最耀眼的幾位執行長如
下：

　　麥克‧戴爾（戴爾電腦/Dell computer）：4200%
　　傑夫‧貝佑斯（亞馬遜網路書店/Amazon.com）：
　　3291%
　　庫戈爾（雅虎網路/Yahoo）：2811%
　　史蒂芬‧凱斯（AOL 全美聯網）1466%
　　理查‧舒爾茲（最佳買點/Best Buy）：957%

24.
「執行長必須經常地對某些事感到不滿意，但是
你得小心地把握分寸，因為跟一個經常感到不滿
意的人共事，例如喬治‧史坦布納，並不是件愉快的事。」

　　　　　　　　　　　　—羅伯特‧甘迺迪，美國永備化學公司執行長

"The CEO must be constantly dissatisfied with some-

thing, but you must be careful, because people who are constantly dissatisfied, such as George Steinbrenner, are not fun to work for."

— Robert Kennedy, CEO of Union Carbide

〈評論〉

　　史坦布納先生是美國職棒聯盟洋基隊的東家，此君很少對什麼事感到滿意，經常粗暴地干涉球隊經理的戰術與管理，撤換經理有如家常便飯。有一次，史坦布納把他以前開除過的經理馬丁先生找了回來，開了一個記者招待會，準備宣佈再次聘任馬丁掌管洋基隊。結果，馬丁與史坦布納當場又在記者招待會上吵了起來，史坦布納盛怒之下在記者招待會上再度宣佈開除馬丁，馬丁亦怒吼道：「我還未接受你的聘書，還不是你的屬下，你怎麼能開除我？」

　　美國媒體曾給史坦布納這麼一個封號：「全西半球最令人憎惡的人物」。洋基隊近年來表現突出，四度贏得世界大賽冠軍，其中一個重要原因也許是職棒總會不准史坦布納干涉洋基隊非財務性的隊務。

25. 「執行長若走火入魔似地要知道每一件事，控制每一件事，我認為那是愚蠢無比的執行長。」

—愛德·馬克雷肯，視算科技創始人兼執行長

"CEOs have this obsession to know everything and control everything, I mean, that's stupid."

— Ed McCracken, CEO & Founder of Silicon Graphics

〈評論〉

　　對一個成長中企業的執行長來說，有兩個息息相關的大課題：第一個是找到能幹的屬下；第二個是當企業以每年50%到100%的速度成長時，執行長必須認清自己無法凡事躬親的事實。簡單地說，得雇用優秀的人才，然後授權。若要激勵屬下做好一件工作，也別忘了給他一件好的工作。

26. 「我發現最佳的溝通技巧就是誠實。在一開始就告訴他們你試圖達到什麼目標，以及你願意犧牲什麼來達到這個目標。」

—李・艾柯卡，前克萊斯勒公司執行長

"I have found that being honest is the best technique I can use.Right up front, tell people what you are trying to accomplish, and what you are willing to sacrifice to accomplish it."

— Lee Iacocca, former chief executive of Chrysler Corp.

〈評論〉

「雖然誠實會使我們吃虧，但不管怎樣，我們仍要誠實。雖然善良會讓人感到軟弱，但不管怎樣，我們還是要善良。」即使在遠離上帝的企業界裡，也同樣相信泰瑞莎修女的這句話吧。

艾柯卡的話另一層含意是：不要讓你的下屬染上官場上的惡習——揣測上級的意圖。曖昧的目標會導致下級不同的揣測。

27.「我喜歡深入核心地瞭解所有的事實與關鍵。我信守正直的原則，並提供屬下所有的支援使他們成功。」

—麥可·阿姆斯壯，AT&T 執行長

"I like to drill down to understand all of the facts and issues.I believe in being candid and try to give people all of the support they need to be successful."

— Michael Armstrong, CEO of AT&T

〈評論〉

這裡指的是「愛的管理」，但是成功的執行長也不乏專橫暴君型的人物：

路易斯‧葛斯納（Louis Gersner）─前 IBM 執行長：

用粗暴來形容他的管理方式算是客氣的字眼了。

比爾‧蓋茲─微軟公司董事長暨軟體總技術長：

呈報壞消息給他的人，將遭到蓋茲先生言語上無情的凌虐。

理查‧麥克金（Richard McGinn）─朗訊科技公司執行長：

極端不耐煩的個性，大聲的表達他自己的意見，冷酷的言辭鋒利地像把利刃。

李奧納多‧謝佛（Leonard Schaeffer）─井點健康網路（Wellpoint Health Networks）執行長：

在重大決策時，一切得聽他的。

麥克‧魯格斯（Michael Ruettgers）─EMC 公司執行長：

他像是軍事訓練中心的教育班長，准許你參與所有的行動，可是完全不講民主。當被激怒時，他會用力抿著嘴唇，直到上下唇完全發白。

第五章

領導與管理

領導是誘使別人
樂意去做你深信
必須完成的事
的一種藝術。

Leadership and Management

28. 「領導是誘使別人樂意去做你深信必須完成的事的一種藝術。」

—無名氏

"Leadership appears to be an art of getting others to want to do something you are convinced should be done."

— **Anonymous**

〈評論〉

　　領導是一種行為而不是階級，是動詞而不是名詞。高瞻遠矚的天才型領導人難求，企業需要的是懂得以言語或行為來誘導屬下達成企業目標的務實型領導人。「我要你完成這件事」是一個階級命令；「我在想我們是否可以完成這件事」則是領導語言。 美國鋼鐵大王卡內基先生的領導經驗值得借鏡：

　　①誘導屬下的言語表達始於讚美與感謝

　　②間接地指出屬下的錯誤

　　③以詢問的方式溝通，而不是直接下達命令

　　④讚賞任何輕微的改良，表揚每一項進步

　　⑤替屬下塑立良好聲譽，使得他們不得不努力維護

　　⑥自我檢討後再批評他人的錯誤

　　虛偽地模仿卡內基先生容易；但能衷心誠懇學習卡內基的人方具備有領導的特質。

29.

「公司經理人最明確的自殺途徑，就是固執地不去學習如何授權、何時授權及授權給什麼人。」

—詹姆斯·凱許·朋尼，JC 朋尼公司創始人

"The surest way for an executive to kill himself is to refuse to learn how and when, and to whom to delegate work."

— James Cash Penney, Founder, JC Penney

〈評論〉

　　柯林頓總統在競選總統時曾自誇地向其他的候選人說：「我有管理阿肯色州的經驗。」由於阿肯色州是美國倒數第二窮的州，候選人之一的德州商界大亨佩羅特反擊說：「一個能成功經營雜貨店的人不見得能經營大百貨公司。」當場使柯林頓啞口無言。

　　一個雜貨店的老闆，不需要知道如何授權、何時授權及授權給什麼人，所以他的管理經驗是不適用於大百貨公司的經營。

30.

「我總是相信，如果你的企業沒有危機，你得想辦法製造一個危機，因為你需要一個激勵點來集中每一個員工的注意力。」

—羅伯特·博豪蒙，旅行者快遞公司執行長

"I've always believed that if you do not have a crisis, you have to invent one. You need a rallying point to focus every employee."

— Robert Bohaumon, CEO of Travelers Express

〈評論〉

這裏所謂的危機，美國前總統甘迺迪有個絕佳的注解。他說：「在中文裏的危機是由兩個字組成的：第一個是危險，第二個是機會。」

製造一個危機並不是去攪亂企業的現況（哪有這麼愚蠢的！），而是去創造一個機會，提升挑戰到更高的層次。小企業集中精力挑戰中企業，中企業挑戰大企業，大企業挑戰超大企業，超大企業則是對自己挑戰。

31.

「英明的決定來自於智慧，智慧來自於經驗的累積，經驗則來自於過去愚蠢的決定。」

—摘自《富比世》雜誌

"Good decisions come from wisdom.Wisdom comes from experience. Experience comes from bad decisions."

— Adapted from "Forbes"

〈評論〉

　　每個人在探討自己的錯誤時，總會將自己的錯誤貼上「經驗」的安慰標籤，自我寬恕。臺灣作家李敖曾說：「聰明的人從別人的錯誤學習；笨人從自己的錯誤學習。」智慧除了來自於自己的寶貴經驗外，為何不加上開放的心胸去容納別人的經驗？不要老是以為「他不行，我未必不行。」美國海軍上將艾門‧李克歐佛說的更有趣：「你不會長壽到可以犯下所有的錯誤。」

32.

「收購是關於購買市場的份額，我們的挑戰則是創造市場，這之間是有差異的。」

—彼得‧卓布，路透社執行長

"Acquisitions are about buying market share. Our challenge is to create markets. There is a difference."

— Peter Job, CEO, Reuters

〈評論〉

　　進一步說，以橫向合併來獲取市場份額與自行開發市場比較起來，那一種方式的成本較高？

　　橫向合併的動機亦可能在於規模經濟，不完全僅是出於購買市場份額的考慮。例如，兩個企業合併後可降低生產、管理、財務、研發及行銷的成本。收購一個企業容易，困難的是如何將兩個企業整和，從而體現規模經濟的利益，這就是為什麼很多企業合併後仍然各自獨立營運的主因。所以，懷著規模經濟效益理想的合併亦可能流於空泛。

33.「如果你想善用時間，你首先必須知道什麼是重要的事，然後全力以赴。」

—李・艾柯卡，前克萊斯勒汽車執行長

"If you want to make good use of your time, you've got to know what's important and then give it all you've got."

— Lee Iacocca, former CEO, Chrysler Corp.

〈評論〉

　　這句話看似平實，可是它有三個深遠的涵義。

　　善用時間：時間永遠是稀有的資源，如果你沒有管理時間的能力，你怎麼會有管理其他事務的能力？

洞察癥結：中國俗語說得好，不要眉毛鬍子一把抓、牽牛要牽牛鼻子。

全力以赴：一個常聽到的藉口：「我真的沒時間把這事做好。」好吧！假如你沒有時間做好一件事，那你就必定要有再做一遍的時間，否則這事怎麼了結？可是如果你一開始時間就不夠，又怎麼會有再做一遍的時間？要使自己不陷入矛盾的方法就是全力以赴。

34.

「我們最重要的管理工作之一，是維持短期利潤業績與長期增長投資之間適當的平衡。」

——大衛‧普克，惠普公司創始人之一

"One of our most important management tasks is maintaining proper balance between short-term profit performance and investment for future strength and growth."

── David Packard, co-founder of HP

〈評論〉

企業更應關注產業的發展和前景，對產業有利益，同時對眼前也有利益的事情是最好的；但如果對產業有損害，僅僅對眼前有利益，這種事情與殺雞取卵無異。著重於短期利潤的企業經營，當然是不智之舉。對這種短期策略的錯誤，如果有心，並不難認定與修正。困難的是，假設執行一項長期增長投資計劃會損及短期利潤時，你如何判定這是平衡或是失衡？

以上述普克的想法來引申，希望以犧牲短期利潤的方式來提高長期利潤的投資，幾乎是一廂情願的想法。偏向長期利潤的企業經理人，很少有能力區分他是在長期投資，還是沈溺於長期幻想。前美國奇異公司執行長威爾許一語道盡：「著重短期效益的企業容易管理，著重長期效益的企業也不難管理，如何平衡長、短期效益才是真正的企業管理。」

35.

「似乎我們所有的行動都因為大規模企業的惰性而遭到阻礙。由於每一項政策行動都牽涉到太多的人，我們必須投入很大的努力才能付諸實現。任何一個新構想的效益，都因為付諸實現的代價太大而顯得微不足道……，有時候我幾乎是被迫地承認一個事實：由於企業的規模太大、惰性太強，以致於我們無法成為通用汽車的領導人。」

—阿爾弗萊德・史隆

"In practically all our activities we seem to suffer from the inertia resulting from our great size. There are so many people involved and it requires such a tremendous effort to

put something new into effect that a new idea is likely to be considered insignificant in comparison with the effort that it takes to put it across. Sometimes I am almost forced to the conclusion that General Motors is so large and its inertia so great that it is impossible for us to be leaders. "

— Alfred Sloan

〈評論〉

　　史隆先生是美國近代史上傳奇式的管理大師　，美國麻省理工學院的管理學院即是以史隆命名。如果你跟史隆先生一樣有這種無力感，那你的企業規模一定也是太大了。

　　美國電話電報公司的前董事長卡博爾（Frederick kappel）亦曾感慨地說：「整個貝爾電話公司就像一隻他媽的巨大的恐龍，你在它的尾巴上踢一腳，兩年之後，它的頭才感應到。」惰性超強的龐大組織，終究要蘊孕出徹底破壞的革命。

36.「三件事：(1)定義你的使命；(2)執行；(3)就像你媽教你的一樣：你想別人怎樣待你，你就怎樣待人。做到善待別人這一點，你已成功了百分之九十。」

—瑪格麗特‧惠特曼，eBay 公司執行長

"Three things. Define your mission. Execute. Treat people like you would want to be treated yourself, like your mother taught you. That gets you 90 percent there. "

—— Margaret Whitman, CEO of eBay

〈評論〉

　　瑪格麗特所說的當然是善待你的顧客與員工。優利（Unisys）的執行長勞倫斯・溫巴赫（Lawrence Weinbach）亦有類似的說法：「顧客、員工和聲譽是穩固企業的三腳架。」對商場上的競爭而言，結果當然是最重要的，但是在這過程中，也不好輕易地犧牲他人，或是道德與正直。

　　善待員工的妙法之一，可以參照一位美式足球教練的管理哲學：「如果球隊（企業）表現很差，那都是我一個人的錯。如果球隊表現得不好不壞，那是我們大家的錯。如果球隊表現得好極了，那都是你們的功勞。」善待員工、尊重員工僅僅是管理哲學中一個必要的部分，作為經理人，你還需要更進一步地讓員工覺得他們正在創造光榮的歷史，就像是一支邁向世界冠軍之路的球隊。

37. 「人們總是高估企業經營的困難度，這可不是在掌握火箭技術，我們從事的是世界上較簡單的專業之一。」

—傑克・威爾許，前美國奇異公司執行長

"People always overestimate how complex business is. This isn't rocket science; we have chosen one of the world's more simple profession."

— Jack Welch, former CEO of GE

〈評論〉

　　前美國奇異公司執行長威爾許先生是當代最有管理效率的企業領袖之一，他所樹立的企業管理典範，早已成為其他企業界領袖的表率。威爾許信奉決策簡化的原則，因為他抓得住問題的重點，不會為其他的枝節所迷惑。美國企業界廣泛流傳的「接吻」原則正是此意（「接吻」之英文"Kiss"在此是另外四個字的縮寫：「簡潔」—"Keep it simple"；「拙樸」—"stupid"。）。「接吻」原則聽來詼諧，可是一個缺乏抽象思考能力與決策效率的執行長是絕對做不到的。

　　威爾許從未把經營管理奇異公司看成是一件困難的事。他說：「一旦你成了排名第一或第二的大企業，而且企業規模也像奇異公司如此之大時，整個企業垮掉的機率就微乎其微了。全球性的衰退當然會減緩奇異公司的成長，但是我們受到的影響會比全世界百分之九十九點九的企業要小的多。」

38.

「在企業經營上，再沒有比反應遲鈍更致命的錯誤了。回顧過去十個我錯過的商機，其中有九個是因為我不能做出快速的決定。」

—派西‧巴奈維克，瑞典 ABB 公司執行長

"Nothing is worse than procrastination. When I look at 10 decisions I regret or failed to make, there will be nine of them where I delayed."

— Peicy Barnevik, CEO of ABB

〈評論〉

　　中小企業的最大優勢是具備強大的伸縮性，迅速對瞬息萬變的市場做出反應。相對來說，大企業的策略反應要遲緩些，我們還不曾見過一個不想成為大企業的中小企業，所以要成為大企業並不困難，但是要成為一個反應不遲鈍的大企業才是最大的挑戰。日本豐田汽車的其中一個信條便是：慎重決定，迅速行動。

　　反應遲鈍的大企業只有滅亡一途，而且滅亡的速度極快。在 1975～1990 年間名列全美《財星》雜誌前 500 名的大企業中，有 40% 在今天已不存在。

39.

「在決策的過程中我所遵循的準則是：先認定所有關鍵的資訊，然後快速地做決定。我要強調的一點是『關鍵的』資訊，而不是『所有的』資訊。如果你等到收集全每一項資訊後才做決定，當你還在忙於整理重點時，這個世界早已棄你而去。」

—希克斯·瓦爾森，雅芳公司董事長

"The guideline I like to follow in decision making include identification of all pertinent information and then a fast decision. And, I would emphasize the word "pertinent" and not the word "all". If you waited until you had every scrap of information, the world would pass you by while you are sorting out all the nitty-gritty."

— Hicks Warlson, Chairman of Avon Products

〈評論〉
　　你不可能先蒐集所有你需要的資訊然後才做決定。如果蒐集完全充分的資訊是可能的，那麼你不是在做決定，而是在做結論了。

40.「檢定管理績效的方法是觀察企業是否達到設定的目標，達成的設定目標越高，管理的績效越佳。事實上，如果達成的設定目標太低，我根本不認為這是企業管理，因為這沒什麼了不起，任何人都辦得到的。」

—哈羅‧葛林，ITT 董事長

" The test of management is whether or not it achieves the goals it sets for itself; the higher the goal, the better the management. In fact, if the level of goals is too low, I wouldn't call it management at all; anyone can do it."

— Harold Green, Chairman of ITT

〈評論〉

　　美國前國務卿季辛吉有一次要求助理們提出關於北越動態的書面報告，助理交上來後，季辛吉看也不看，隨手在報告的第一頁空白處批示：「這就是你能做出最好的報告嗎？」助理們拿回來後，戰戰兢兢地修改與補充。第二次報告交上來後，季辛吉仍然批示同一句話，予以駁回。助理們再接再厲地又忙碌了半天，在季辛吉又批示同一句話在第三次報告後，助理們堅定的回答：「是的！這是我們能提出最好的報告。」季辛吉平靜地說：「很好，我可以開始讀你們的報告了。」

　　這則故事有二個涵義：許多人未必清楚自己的真正實力，領導人得激發屬下的潛力，能夠提升目標到符合實際的最高極限才是真正的企業管理。

41.

「先準備基本材料，加入一大杯的大腦，撒入一大撮的想像，再倒入一大桶的勇氣和膽量，攪拌均勻後煮沸。」

―伯納德・巴拉奇，美國政治家

"Take the obvious, add a cupful of brains, a generous pinch of imagination, a bucketful of courage & daring, stir well and bring to boil."

― Bernard Baruch, American Statesman

〈評論〉

　　如果能再加入一湯匙的運氣就更理想了，可惜運氣並不是您能掌握的材料。

42.

「有效的管理是提出正確的問題。」

―羅伯特・海勒

"Effective management always means asking the right question."

― Robert Heller

〈評論〉

　　有很多時候並不是你不知道問題的答案，而是你看不到正確的問題所在。如果你能把一個問題清晰地表達出來，這個問題已經解決了一半。所以說，一個有能力的經理人雖然活在現在，但他也關注未來。如果不活在現在，他怎能知道問題之所在？如果不關注未來，他又怎能知道問題的答案？所以愛因斯坦也說：「提出問題要比解決問題重要多了。」

43.

「利潤是勞動力加資本再乘以管理的產品。你可以雇用勞動力與資本，而管理必須靠靈感。」

—無名氏

"Profit is the product of labor plus capital multiplied by management. You can hire the first two. The last must be inspired."

— Anonymous

〈評論〉

　　如果利潤是一項產品，它的生產原料構成表可能比可口可樂的配方還神秘莫測。你可以找到一只合適的計量杯來稱量勞動力和資本，但卻沒有人能說出管理的稱量方法。儘管你早就看到撒上一定量的這種東西，可以使平凡的企業生產不平凡的利潤。

44.「絕大部分企業的年度事前計劃跟跳祈雨舞一樣，它對未來的天氣根本起不了任何作用，但跳祈雨舞的人可不這麼認為。所謂詳盡深入的年度計劃在本質上不過是像姿勢較優美的祈雨舞般，依然對天氣起不了任何作用。」

—無名氏

"A *good deal of corporate planning is like a ritual rain dance. It has no effect on the weather that follows, but those who engage in it think it does not. Much of the advice related to corporate planning is directed at improving the dancing, not the weather.*"

— Anonymous

〈評論〉

　　六十與七十年代的美國企業特別鍾愛公司的年度計劃。在奇異公司總裁威爾許率先刪除公司內部高度規範的計劃部門後，企業界群相效仿。到了八十年代中期，我們幾乎看不到重視年度計劃的企業了。

公司的年度計劃究竟有沒有功用？提高產品品質的想法會不會因為要落實年度成本控制計劃而遭到阻礙或延宕？無論什麼樣的事先計劃，下列兩個標準可以用來檢定其有用性。

（1）回顧過去的企業歷史，是否發生過因計劃書落入競爭對手手中而喪失掉競爭優勢的事情？我們把自己的年度計劃書看成兵力部署的戰術核心計劃，但在競爭對手眼裏，也許這不過是一份類似官兵休假規定的東西罷了。

（2）回顧過去的企業重大決策，有多少是由於事前計劃周詳而促成的？年度計劃是否幫助了企業渡過危機或是邁入新的紀元？

45.
「『管理』就是由『尚未失敗』的人來領導『尚未成功』與『已經失敗』的人的一種行爲或藝術。」

—無名氏

"Management is an activity or art where those who have not yet succeeded and those who have proved unsuccessful are led by those who have not yet failed."

— **Anonymous**

〈評論〉

當你力爭上游往上爬的時候，不要太驕傲，要善待你的同僚與屬下，因為當你跌下來時，你又會再遇見他們。

46. 「我成功的主要秘訣之一，是要求每一位分處經理在上任之前必須具備"MBA"。所謂"MBA"的意義是拖把與水桶的態度（Mop-Bucket Attitude）。沒有任何人——包括我自己在內——是高高在上的，每一個人都可以拿起拖把，提著水桶把地方收拾到最乾淨的程度。」

—古蘭·朋貝瓦拉，浮水印食品管理公司執行長

"One of the main secrets to my success is the "MBA"I require that each one of my managers have before they come to work for me.It stands for Mop-Bucket Attitude, where no one, including me is above picking up a mop and bucket to make the place look the best they can be."

— Ghulam Bombaywala, CEO of Watermark Food Management

〈評論〉

麥當勞大概是第一個貫徹"MBA"的企業，分店經理

訓練的第一課是學習如何將洗手間打掃得乾乾淨淨。出門想上洗手間時，走入任何一家麥當勞，你絕不會失望。解手後一陣輕鬆，臨走時你也沒忘了買個什麼堡上路，麥當勞就因為乾淨清爽的洗手間而賺了我不少錢。

　　拖把與水桶是一種態度，並不是真的要經理每天做清潔的工作。這種態度可以進一步引申為：你不能要求屬下去做你自己也做不到的事。一視同仁、以身作則可以是提高員工士氣的有效措施（軍中將領常用的招數）。有鑑於此，美國大鋼鐵廠努克（Nucor）的總裁艾佛森（Ken Iverson）也說過：「我盡力消除管理階層與其他員工的差異性。經理沒有保留停車位，也沒有專用的餐廳。每個人進廠時都得戴同一個顏色的安全帽。」

47.

「你必需要有精神上（道德上）的羅盤。」

—王嘉廉，CA 董事長

"You must have a moral compass."

— Charles Wang, Chairman, Computer Associates

〈評論〉

　　成功不是某一個境界或是某一種定義，而是一個方向。王嘉廉說：「看看自己如何生活是非常重要的事。」王嘉廉的精神羅盤指出的方向之一是回饋社會，除了個人出資推動"Smile Train"的慈善事業，幫助五官不全的孩童進行整型及復健，CA 的員工每捐助一元給慈善機構，王嘉廉的公司會跟進二元。

另外，證券商熊士坦（Bear Sterns）規定所有的資深經理幹部（約三百人）每年必需捐出至少 4% 的所得給慈善機構；黃羊川因為英達業的電腦援助，窮困的祈連山腳下，資訊不再貧瘠。政治上的高階領導人，你們的精神羅盤在哪？

48. 「Gap 成功的公式和數 1 — 2 — 3 一樣容易：運氣、常識和少許的自我。」

—唐·費雪，Gap 企業總裁

"The Gap formula for success is as easy as 1 — 2 — 3： luck, common sense, and a small ego."

— Don Fisher, President, The Gap, Inc.

〈評論〉

原來搞房地產的費雪先生是因緣湊巧而開創了 Gap。費雪長期承租老舊的旅館，再當二房東分租出去。他的機緣起於李維（Levi's）牛仔褲承租了一個房間當辦事處開始。

　　1969 年，費雪先生以 6 萬美元創立了第一家服飾零售店。在被李維牛仔褲拒絕他加盟的同時，費雪自行決定全進李維的貨，並把自己的店經營成「非正式」的李維專賣店。消費者哪知當時的 Gap 根本不是李維的加盟店，因為走進 Gap 觸眼所及盡是李維的產品。

　　後來李維也開始行銷女性服飾，費雪認為李維設計男性牛仔系列的確有獨到之處，但在女性服飾方面恐怕不具優勢。因此，費雪並不引進李維的女性服飾，而是由 Gap 自己設計開發。事後看來這是二個正確的決定，費雪笑說：「這不過是常識性的決定啊！」所以我們可以這麼說，常識即是最不尋常的知識（The most uncommon sense is common sense）。

第六章
市場行銷

如果行銷不成，
並非產品有什麼問題，
而是你有問題！

Marketing and Sales

49.

「市場行銷是一場文明的戰爭，大部分戰鬥的勝利是靠文字、點子以及有紀律的思考。」

——艾爾伯特‧埃默利，美國廣告公司總裁

"Marketing is merely a civilized form of warfare in which most battles are won with words, ideas, and disciplined thinking."

—— Albert Emery, American Advertising Agency

〈評論〉

也許你知道麥斯威爾咖啡，這是因為你知道「滴滴香濃，意猶未盡」（Good to the last drop；譯作：「香醇到最後一滴」亦佳）。你同樣因為下面這些廣告詞記住了另外一些商品：

「只溶您口，不溶您手。」—— M ＆ M 巧克力（melt in your mouth, not in your hand.）

「真實的聲音」——美國電報電話公司（AT&T：The true voice）

「終極駕駛機器」——寶馬汽車（BMW：The ultimate driving machine）

「馬上行動」——耐吉運動鞋（Nike：Just do it）

「日日低價的名牌店」——馬歇爾百貨（Marshall：Brand name for less, everyday）

「出遠門時別忘了」——美國運通（American Express：Don't leave home without it.）

「開拓可能性」──惠普公司（Hewlett Packard： Expanding Possibilities）

「活得健康」──健喜公司（GNC： Live well）

「追求完美」──凌志汽車（Lexus： pursuing perfection）

「有人提到麥當勞嗎？」──麥當勞（McDonald： Did somebody say McDonald？）

50.

「一個成功的品牌和人一樣是有個性的，它能與消費者對話。如果你經常改變一個品牌說話的聲調，消費者將難以信任這個品牌。」

──史蒂夫‧戈爾茨坦，李維牛仔服裝公司總裁

"A successful brand has a personality and a conversation with consumers. But if you keep changing the voice of the person talking, it's very hard for consumers to trust a brand."

── Steve Goldstein, president, Levi's（Levi Strauss）

〈評論〉

經營品牌必須認清：品牌是一種公共關係。品牌以它的個性與消費者交朋友，誰喜歡交一個個性善變或是

沒有個性的朋友？那麼，消費者喜歡結交哪種品牌的朋友呢？最常見的五種是：

①誠懇的朋友：它是老少咸宜的、古典保守型的朋友。

例如：康寶濃湯、賀軒問候卡、柯達底片

②活力的朋友：年輕、外向、時髦的朋友。

例如：保時捷跑車、班尼頓

③能幹的朋友：有影響力、有成就的朋友。

例如：IBM、美國運通、惠普、華爾街日報、CNN電視網

④練達的朋友：慷慨、富裕的朋友。

例如：凌志轎車、賓士轎車

⑤粗曠的朋友：喜愛運動、戶外活動的朋友。

例如：李維牛仔褲、萬寶路香煙、耐吉運動鞋

51.

「廣告的靈魂在於承諾，很大的承諾。」

　　　　　　　　　　　　　　　　　—約翰生，美國政治家

"Promise, large promise, is the soul of an advertisement."

　　　　　　　　　　　　　　　　　— Samuel Johnson

〈評論〉

　　一件優良的產品，本身就是最好的廣告。所以，好的產品在廣告上承諾品質，品質無關緊要的產品在廣告中則塑造形象。

52. 「我們不想介入運輸產業，我們乃是在二萬五千尺上空的娛樂業者。」

——理查‧布蘭森，維珍航空集團執行長

"We didn't want to get in the transportation industry, we are still in the entertainment industry- at 25,000 feet."

— Richard Branson, CEO of Virgin Group

〈評論〉

　　想像力多麼豐富的經營概念！飛機內當然不可完全能像電影院、咖啡廳那樣的娛樂場所。但是堅持這種經營理念的結果，是提高了服務的品質並塑造了與眾不同的形象，而形象正是決定航空運輸市場競爭的勝負關鍵。

　　可口可樂執行長，羅伯特‧古茲維塔說得更正確：「我們不知道如何強調產品的功能來行銷，我們只知道行銷產品的形象。」可樂有什麼功能可言？它不就是碳酸水、糖分和咖啡因的組合嗎？將這三種原料放在一起（再加上人類史上最令人好奇的秘密配方）就是可樂；把可樂的糖分抽掉就成了無糖的健怡可樂；再把咖啡因提煉掉不就成了無咖啡因的可樂？

在這麼幾種有限的組合變化中，居然能創造出全球190億美元的收入！可口可樂可說是史上最偉大的推銷形象魔法師。不過在另一方面，推銷可口可樂形象的代價可是每年50億美元的廣告預算。

53. 「廣告的本質不是科學，而是說服。至於如何說服則是一種藝術。」

—威廉·伯恩巴克，唐桃廣告公司創始人

"Advertising isn't a science, it's a persuasion. And persuasion is an art."

— William Bernbach, Founder of Doyle Don Advertising Agency

〈評論〉

做生意沒有廣告就好像在黑暗裏對一個女人眨眼睛送秋波，除了你自己外，沒有人知道你在幹什麼。說服力強的廣告經常並不著重於產品的直接介紹，回想一下柯達公司的電視廣告。柯達公司賣的是底片，可是他們不直接介紹底片，而是廣告底片可以帶給你的回憶。

露華濃化妝品的總裁深知廣告的精髓：「在我們的

工廠裏，我們生產唇膏；在廣告裏，我們則推銷希望。」其他類似的文案還包括：「你買的不是報紙，而是新聞。」；「你買的不是電腦，而是資訊。」；「你買的不是望遠鏡，而是視野。」；「你買的不是保險，而是對家人的愛。」……等等。

54.「由於新一代科技的成本日趨低廉，應用性日趨簡易，你所面對的是對專業知識瞭解愈來愈少的廣大群眾。這正是企業該由技術導向轉型為行銷導向的時候。」

—吉姆‧摩爾，地球夥伴公司創始人

"As each new generation of technology becomes cheaper and simpler, you get a broader, less knowledgeable audience. That's when the company must move from being engineering-driven to being marketing-driven."

— Jim Moore, Founder of Geopartners

〈評論〉
　　開發新產品真正困難的並不在於技術部分，而是在於誰將會購買你的產品？他們將如何買你的產品？以及你將如何告訴他們你的產品？70 年代的行銷哲學是：

把一件產品賣給所有的人。這個觀念早已過時，現代的行銷定位於特定的消費群，認定誰將會買你的產品正是這一觀念的運用；他們將如何購買你的產品則視產品滲透市場的能力而定；至於如何告訴消費者你的產品，那就是一種廣告的藝術了。

下面兩個案例是行銷哲學中技術導向與行銷導向的強烈對比：

①IBM 的 OS2 系統（技術導向）與微軟的視窗系統（行銷導向）

②迪吉多的阿爾發微處理器（技術導向）與英特爾的奔騰微處理器（行銷導向）

今天我們在市場上看到的是 Wintel（視窗系統加奔騰處理器），當初技術先進於視窗的 OS2 系統，以及先進於奔騰的阿爾發微處理器，現早已消聲匿跡。

55.「消費者相信『名牌即是品質保證』是有道理的，這倒不是因為廠商大力宣傳的結果（大部分有品牌的廠商根本不宣傳品質），而是因為消費者認為，如果一件產品的品質不佳，廠商沒有道理為它創立品牌。」

　　　　　　　　　　—約翰・基伊，牛津大學管理學院院長

"Consumers has right to believe that branded products

are of quality, not because the manufacturer says they are-mostly they do not- but because there is little point in branding products that are not."

— John Key, Director of School of Management Studies, Oxford University

〈評論〉

　　品牌是驅動企業的引擎，要讓品牌的印象滲透到消費者的心中，你得啓用所有溝通的管道，光靠電視廣告是不夠的。建立消費者對品牌的認知，最好的（也可能是最昂貴的）手段是大規模的部署行銷售點，贊助體育、文藝活動亦是妙法之一。

　　處理文字的軟體公司"Word Perfect"，就是以贊助單車越野賽而在歐洲一舉創下品牌。在美國，由大企業購買大城市綜合體育場的命名權也是一種時髦的象徵，像是舊金山聞名的燭臺球場已被更命為3Com park；聖地牙哥體育場現名為高通（Qualcomm）體育場。

　　花幾千萬美元買一個體育場五年的命名權有什麼好處呢？當聖地牙哥的大聯盟職棒教士隊，與美式足球電光隊打入冠軍大賽時，全美國再加上許多外國的觀眾都在收看轉播，誰會忘記冠軍球賽的地點即是高通企業的總部所在地？

56.

「這正是 360 度品牌建立……每一個接觸點都應該反映出品牌。」

—夏蘭澤，奧美廣告公司執行長

"It is 360-degree branding, …… every point of contact should reflect the brand. "

— Shelly Lazarus, CEO of Ogilvy and Mather

〈評論〉

　　全方位，360 度的品牌建立並不僅是廣告的概念，而是關於企業在每一次與顧客直接或間接的接觸時，嘗試製造的顯著印象。

　　夏蘭澤在接下福特公司的廣告案後，在會議上對福特高階經理的開場白是：「在汽車廣告項目上，我還是個新人，不過有件事我真的很不了解，如果福特與捷豹不同，與馬自達不同，與別克、福斯汽車都不同，為什麼所有汽車經銷商的展示廳看起來都大同小異？」

　　夏蘭澤研究每一個與顧客的接觸點，例如展示廳、網站、宣傳印刷品、車窗上的價目單、電視廣告等，都不斷地反問：「這是福特嗎？」、「所有的接觸點上是否反映了一致的品牌形象？」所以品牌的建立絕不僅止於廣告的設計，那僅是一個接觸點而已。

57.

「如果行銷不成，並非產品有什麼問題，而是你有問題！」

——雅詩蘭黛內部文件

"If you don't sell, it's not the product that's wrong. It's you."

— Estee Lauder

〈評論〉

　　行銷與創新永遠是現代企業的兩大目標，科技進步與企業創新的努力，基本上保證了品質至少會達到一般人可接受的標準。於是，行銷掛帥的信念也就不難理解了。梳子有什麼問題，可是你怎麼把它推銷給和尚？擠奶器有什麼問題，可是你怎麼將兩台擠奶器推銷給只有一條乳牛的酪農。

　　行銷的基礎在於買賣雙方對產品認知的不對稱性，不對稱性愈大，行銷成功的機率愈高。所以行銷人員必須由裏到外，徹徹底底地瞭解產品的特質，擴大產品認知的不對稱性，並且能夠對產品做到有效的知識性解說，最後還要能夠把握服務客戶的現代觀念。

　　中國聯想電腦公司總經理楊元慶先生有句妙語，道出了深刻瞭解產品特質對行銷的重要性：「賣電腦好比是賣水果，賣家電好比是賣乾果。賣乾果的來賣水果如果不爛掉幾筐，是不會知道水果是要怎麼賣的。」

58.「零售業界有一條所謂『12秒』因素，意思是說產品的外觀設計、包裝、顏色與展示的地點，必須能夠使消費者駐足12秒，這樣才能引起他們的注意。同樣的12秒因素，也適用於個人如何製造深刻印象的推銷術上。」

— R・麥克・弗朗茲，穆拉塔商業系統執行長

"In retail, they have what they call a "12 second's factor" that's the time you need to capture a buyer's attention with your own product, design, package, color and positioning. The same time limit applies to making an impression as an individual."

— R・ Michael Franz, CEO of Murata Business Systems

〈評論〉

　　沒有人有耐心去深入瞭解你的內涵，你得運用各種方法快速有效的輸出你想傳達的資訊。商務洽談也有所謂的「4分鐘法則」：會談的成功與否決定於你如何在最開頭的4分鐘內說服對方。

　　中國廣東樂百氏公司規定其貨品的陳列原則：爭取最佳的視覺位置。如果擺放在貨架上，必須置於顧客可以平視的1.5公尺至1.7公尺之間的位置；如果擺放在櫃檯上，必須置於最上面，因為顧客一眼便可看到的最上層。

59.

「只有疲軟的產品，沒有疲軟的市場；只有淡季思想，沒有淡季市場。」

—張瑞敏，中國海爾集團總裁

〈評論〉

提起海爾的小小神童洗衣機，中國大陸的消費者幾乎沒有不知道的。這一產品所倡導的「健康即時洗」概念，在短短兩年間創造出 150 萬台的市場需求，小小神童的暢銷與其他家電市場的冷淡形成了鮮明的對比。

小小神童妙在哪？妙在洗衣機變小了，內衣、襪子這樣的小件衣物就可以隨換隨洗了，省水省電而且省時間。創意是從夏季這個傳統的洗衣機銷售淡季市場上來的。夏季通常是洗衣機銷售的淡季，原因是夏天的衣物需要勤換，每天動洗衣機的話不值得，不洗的話又不衛生，所以乾脆手洗了。

哪有什麼疲軟？哪有什麼淡季？分明是沒有適銷對路的產品！設計一種可以隨時洗滌輕巧衣物的小型洗衣機，成了海爾「反疲軟、反淡季」經營思路的經典之作。

60.

我的廣告費有一半是浪費掉了，麻煩的是我不知道是哪一半。」

—洛德・萊弗哈姆，聯合利華公司創始人

"Half of my advertising is wasted, and the trouble is I don't know which half."

— Lord Leverhulme, founder of Unilever

〈評論〉

　　這廣告界最著名的句子之一。我的生命也有一半是浪費掉了，可是我不確定是哪一半。國家的教育經費也有一半是浪費掉了，可是也不知是哪一半。企業經營的努力也有一半是浪費了，錯誤的表面是成本，是浪費，但也是成功的驅動力。

第七章

人事經驗

人們對兩件事情的渴望大於性愛與金錢
——受到讚美與表揚。

Human Resource

61.

「我尋求的是聰明、冷酷、不修邊幅、個性上幾乎是不近人情，但是能看透並且告訴我事情真相的一批幹部。」

——湯瑪斯・華生，前 IBM 公司執行長

"I looked for those sharp, scratchy, harsh, almost unpleasant guys who see and tell you about things as they really are."

— Thomas Watson, former CEO of IBM

〈評論〉

　　在一個企業裏，真正的核心幹部不必多，像微軟這麼龐大的企業也不過才 20 個。微軟董事長比爾・蓋茲說：「如果你調走了我最得力的 20 名幹部，我可以確定地告訴你，微軟將會成為一個無足輕重的企業。」

　　這類的性格大約與創新力有關，所以企業界是該有一批臭鼬鼠——（臭鼬鼠哲學） 這些人要擺在組織的外圍，不受官僚系統的污染，但在功能上得置於決策的核心。

62.

「在雇用職員時，當然會做出一些錯誤的決定，畢竟基督耶穌也指定了十二個門徒，其中有一個

竟是叛徒。」

—泰德‧透納，前 TBS 電視網總裁

"Of course in selecting staff I shall make a few bad decisions. After all, Jesus Christ had to make twelve appointments, and one of them was a bummer."

— Ted Turner, former President of TBS Network

〈評論〉

我們不知道可靠的充分條件是什麼？或許根本不存在。是「天才」嗎？不是，因為我們看到太多一事無成的天才。「才幹」也不是，因為有才幹的失敗者比比皆是。「學識」更不是，因為這社會裏充滿了高學歷的廢物。在事後認定的可靠才是可靠，事前認定的可靠無非是預測罷了。為此之故，雇用職員時要盡可能地小心謹慎。但開除職員時要當機立決。被開除的職員已不會危害你的企業，真正的禍害是該開除而未開除的員工。

63. 「你要找的是一隻白色的黑鳥。」

—漢克‧葛林伯格，美國國際保險集團執行長

"You look for white blackbirds ."

　　— Hank Greenberg, CEO of American International Group

〈評論〉

　　葛林伯格先生說他在面試經理人時，並沒有特別要求某些特質。山鳥（blackbirds）大都是黑色的；白色的山鳥就是那些有能力可以改變企業並創造利潤的異類份子。

64.「我們聘用 PSDs：貧窮、聰明、有深切欲望致富的人。」

　　—艾斯・葛林伯格，熊士坦董事長

"We hire PSDs: people who are poor, smart, and have a deep desire to be rich."

　　— Ace Greenberg, Chairman, Bear Stearns

〈評論〉

　　這樣的 PSD，絕不能沒有正直操守的信念。這邊有一段股票大師巴菲特（Warren Buffett）對艾斯・葛林伯格的評語：「艾斯・葛林伯格幾乎所有的事都比我強——橋牌、魔術、馴狗術、獲利——所有在生命中最重要的事。」

65.「我不要任何唯唯諾諾的人圍在我身邊，我要求每個人都大膽地告訴我真相——縱然他會因此丟了飯碗。」

—山謬·高德溫，電影製片人

"I don't want any yes-man around me. I want everyone to tell me the truth- even though it costs him his job."

— Samuel Goldwyn, movie producer

〈評論〉

有數據顯示，70% 的美國員工害怕向上司提意見；相反地，日本企業的員工要敢說話多了。美國大企業的員工平均每年只向公司提出 2.3 個建議。日本豐田汽車的員工平均每人每年向公司提出 47.6 個建議；馬自達汽車員工有 126.5 個建議；佳能相機員工有 78.1 個建議；松下電器員工有 79.6 個建議。數字上顯著的差異反映了日本企業裏上下溝通管道的暢通，不過在這麼多馬自達員工的建議裏，恐怕還是瑣碎的居多。

66.「人們對兩件事情的渴望大於性愛與金錢——受到讚美與表揚。」

—瑪麗凱，瑪麗凱化裝品公司創始人

"There are two things people want more than sex and money - recognition and praise."

— Mary Kay Ash, Founder of Mary Kay Cosmetics

〈評論〉

今天的企業幹部不僅是為了薪水而工作，他們更希望得到企業的看重。財星 500 大企業的高級幹部，年薪百萬者，比比皆是。他們早己財務上獨立。縱使並不如此富裕，中產階級不為五斗米折腰的心態也不少見，可是仍有很多企業主居然不瞭解如此顯而易見的事。

讚美別人既容易，又不費成本，我們簡直找不出藉口不去做這一件惠而不費的事。經常對員工讚美，告訴他們：「你們才是企業裏最重要的資產。」當你的員工特別賣力時，不要吝嗇表揚。有形的表揚，例如額外休假、績優獎金，或是獎品獎狀都象徵你由衷的嘉許。表揚的企業成本並不見得高，可是其影響常常是出乎意料的深遠，我們甚至可以將讚美與表揚解釋為各階層間最佳的溝通方式。

英特爾的創始人之一諾斯博士說得好：「績優的幹部渴望得到上級的評估、讚美與表揚。如果管理階層不這麼做，這些幹部就無法看到自己對企業的貢獻，從而造成士氣的低落。」

67.「基層員工祈求無形的鼓勵——拍拍他們的背、口頭上的『謝謝』。由於自尊心有一些低微,他們想從你那兒知道他們做得還可以。」

——羅沙林‧傑佛瑞,績效促進公司總裁

"People at lower levels beg for intangibles- the pat on the back, the verbal "Thank you". Self-esteem is a little lower, and they want to know they are OK."

— Rosalind Jeffries, President of Performance Enhancement Group

〈評論〉

卡麗思來(Carlisle)塑膠廠的總裁賓尼說:「每當我巡視工廠時,第一件要做的就是去看看工人的廁所,為的是親自瞭解公司是怎樣對待最基層的員工。公司發年終獎金時,我要求廠長告訴我每一位工人的姓名,然後親手交到他的手裏。」

如果基層勞工的變動率太高,你是否該考慮放下身段,走入基層?是否該考慮所謂 MBWA 漫遊式管理(Managing By Wandering Around)?漫遊在客戶之間;在上流供應商之間;在員工之間,好處是你可以即時處理情勢變動的第一波震盪。

68.

「主管必需負責訓練，這是經理人能從事的最高槓桿效應的活動之一。」

—安迪‧葛洛夫，英特爾公司董事會主席

"The boss must be in charge of training. It is one of the highest-leverage activities a manager can perform."

— Andy Grove, former Chairman, Intel Corp.

〈評論〉

主管的最終要負責的是整個部門的產量，而產量＝生產力工作時數，所以在其他情況不變的條件下，提高產量的途徑有二，即提高工作時數或是生產力。訓練正是提高生產力的方法之一。

葛洛夫舉了一個簡單例子，一位主管用 3 小時準備 9 小時的訓練課程，準備加上授課時數共為 12 小時。假設有 10 位員工受訓，每位員工年工作時數為 2000 小時，受訓後生產力提高 1%，則總生產力的提高等於 200 小時（2000101%），主管投入 12 小時的報酬率等於 200/12=1667%。房利美（Fannie Mae）執行長法蘭克‧雷恩斯（Frank Raines）也認為：「領導人最重要的工作是當一位良師。」

另一個提示是：訓練應是長期持續的過程，而不是危機善後的事件。前者提高生產力，後者最多是恢復生產力。

69.

「小公司做事，大公司做人。」

—柳傳志，中國聯想集團總裁

〈評論〉

也把部分中國大陸企業家的用人觀點羅列如下：

創維集團總裁黃宏生：「對人才的無形投資我絕不吝嗇，寧損失 100 萬，也不損失一個人才。」

海信集團總裁周厚健：「求人，用人，育人，晉人，留人。」

海爾集團總裁張瑞敏：「高質量的產品是高質量的人塑造出來的，先造人才，再造名牌。」

浙江上風集團董事長徐燦根：「有三種人是絕對不能用的：第一種是若分配一個員工掃地，他卻逆風掃，我辭了他的理由很簡單，因為這人是傻子；第二種是若一個員工走路喜歡走『之』字形，我也會辭了他，因為企業不需要精力分散的職工；第三種是若一個員工因為在上班時間理髮而遲到 10 分鐘，我更不要他，因為他占用了上班時間。笨、貪玩、懶散是現代企業員工最應該避免的三種不良行為。」

第八章

客戶關係管理

企業裏只有一位老闆：顧客。

他只要把錢花到別處，

就可以開除本公司

包括總裁在內的每一個人。

Customer Relation Management
Customer Relation Management

70.

「我們對所有的部門，以即時的方式衡量每一件事……顧客滿意度對我是最重要的指標，如果你真相信如此，獎勵制度必然要與顧客滿意度綁在一起。」

——約翰·錢伯斯，思科系統執行長

"We measure everything, in all areas, in real time … … Customer Satisfaction is the most important measure to me, and if you really believe that, then you've got to tie it to your reward system."

— John Chambers, CEO, Cisco Systems

〈評論〉

實施顧客滿意度調查制度的企業非常普遍，調查的結果被管理階層重視到什麼程度呢？用來選出每月最佳員工？用來衡量發多少獎金？用來開會檢討？還是歸檔存查？有沒有像思科系統一樣，採取底薪加顧客滿意度獎金的制度？現實上的觀察是，絕大部分的獎勵制度是建立在營業額之上，這是因為顧客滿意度不易有客觀的量化標準嗎？

約翰·錢伯斯可不這樣認為，想做，努力做就做得到。這是一位在高中求學時有學習障礙症的患者（dyslexia）——錢伯斯——的信念。當時絕大多數的人不認為錢伯斯可以順利地從高中畢業，而今天他已經是營業額數百億美元的思科系統執行長了。

71.

「如果我感到顧客的來訪打斷了我的工作，我便知道我該休息片刻來調整我的態度了。」

——丹·考夫，可口可樂公司營運長兼總裁

"If a customer calls and I consider it an interruption, I Know I have to take some time off to adjust my attitude."

—— Don Keough, COO & President of Coca-Cola

〈評論〉

　　Forum 公司對顧客流失案例的研究結果顯示：有15% 是由於產品品質不好，15% 是由於價格過高，其餘的 70% 是因為他們不喜歡供應商做生意的態度。流失客戶的企業會深刻地體驗到，開發一個新客戶的成本通常是滿足現有客戶成本的十倍。

　　因此在重要的會議或電話中間，不妨休息片刻調整情緒，免得影響判斷。

72.

「企業裏只有一位老闆：顧客。他只要把錢花到別處，就可以開除本公司包括總裁在內的每一個人。」

——山姆·沃爾頓，沃爾瑪超市創始人

"There is only one boss： the customer. And he can fire everybody in the company, from the chairman down, simply by spending his money somewhere else."

— Sam Walton, Founder of Wal-Mart

〈評論〉

　　美國畢恩公司的總部辦公室裏，張貼了這麼一張告示：

①顧客是我們辦公室裏最重要的人。

②顧客不依賴我們，而是我們依賴顧客。

③顧客不會干擾我們的工作，顧客是我們工作的目的。

④顧客給我們機會為他服務是莫大的恩惠。

⑤顧客帶來的是他的需求，不是抱怨。

⑥不與顧客爭執，也不對顧客耍小聰明。

73.
「顧客已不再滿足於帝王般的尊重，他們是獨裁者。」

—無名氏

"The customer isn't king anymore. The customer is dictator."

— Anonymous

〈評論〉

　　顧客是最重要的經濟資產，雖然這項資產並沒有列入會計報表上。市場研究顯示，一位顧客如果不滿意你的產品，他會告訴其他 10 個人；如果他滿意你的產品，他僅會告訴其他 5 個人。

　　暢通的投訴管道是滿足顧客的有效手段，如果企業能夠迅速地受理，並解決顧客的投訴，這位顧客再度購買的機率高達 95%。如果沒有投訴的管道，企業當然省了許多麻煩，顧客當然也無從抱怨，可是他們再也不會是顧客了。IBM 的研究顯示，提高顧客滿意度 1 個百分點的效益，約為企業 2 億美元的收入。

74. 「今天每一個企業都在吹噓自己如何提供極好的顧客服務，在我看來，除了諾斯壯百貨和麗池酒店，以及其他幾個少數之外，全都是狗屎。適當的自助服務是顧客所能夠得到最好的一種服務。」

—吉姆·西奈格，好市多執行長

"Everybody says they provide great service these days, and except Nordstrom and Ritz-Carlton and a few others, they are all full of shit Self-service, when provided properly, is the best kind of service there is."

— Jim Senegal, CEO of Costco

〈評論〉

　　「沒有盡善盡美的產品，但有百分之百滿意的服務。」說這句話的企業多，真正能做到的太少。諾斯壯百貨的服務簡直把顧客寵壞了，舉個例說：售貨員一邊微笑著跟你閒話家常，一邊熟稔地處理你的退貨，最後在誠懇的道歉聲中將貨款交付你的手上。諾斯壯百貨的員工訓練手冊寫著：「歡迎您加入諾斯壯百貨，我們的目標是提供完美的顧客服務。規章第一條：運用你良好的判斷力來處理所有的狀況。這也是唯一的一條規章，如果你有其他問題，隨時請教你的部門經理。」

　　一踏進麗晶酒店的房間，映入眼簾的「歡迎您」的水果籃。作者在中國大陸住宿過許多五星級的酒店，還未享受過這種服務。「成本太高」是我聽過最噁心的藉口，如果五星級的設施只能配上三星級的服務，那會是什麼樣的顧客服務？

第九章

創新發展

我們應該去做別人認為是瘋狂的事。
如果別人認為我們做的事是個好主意，
那意味著早有人已在做
我們正在做的事了。

Research and Development
Research and Development
Research and Development

75.

「多年來企業界不斷地推出有這個新科技，或是那個新科技的產品。而今天的消費者把新科技當做是理所當然的事，他們還需要的是溫馨、友善的產品——某些能夠引誘他們的產品特性。」

—菲利普‧斯特拉克，創意消費電子公司總裁

"For years, companies have been trying to sell new products with new techno-this or techno-that. People take technology for granted these days. What they want are warm, friendly products - something to seduce them."

— Phillippe Strack, president, Designer Consumer Electronics

〈評論〉

新力的總裁說：「我們先假設所有競爭對手的產品都會有基本上相同的技術、售價與功能，如此一來在市場上決勝負的因素就是設計這一個專案了。」 現在已經沒有人製造性能不佳的劣質轎車，所以轎車的功能均能滿足一般人的基本要求。但是日本豐田轎車的內部設計就考慮的比日產或本田周到，美國克萊斯勒車廠甚至決定縮減汽車性能研發費用，轉投入以消費者便利為訴求的內部設計。

所以，微軟視窗系統的技術真的比較進步嗎？如果蘋果電腦沒有失誤，能及時申請作業系統的專利，今天的微軟不知到是什麼局面？視窗系統不正是提供了令使用者更便利的介面設計嗎？

76.

「在我們 130 億美元的全球總收益中，有三分之一是來自於五年前根本還不存在的產品。」

—洛爾夫‧拉森，美國嬌生公司執行長

"Fully one-third of our more than 13 billion in world-wide revenues come from products that simply didn't exist five years ago."

— Ralph Larsen, CEO of Johnson & Johnson

〈評論〉

　　研究發展是科技企業的命脈，以全球最大的印表機企業惠普公司來說，超過一半的收益是來自於三年前根本還不存在的產品。更驚人的是，在任何時刻，惠普公司都有超過 500 個產品研發計劃正在進行中。

　　創新經常來自於舊事物的改良，你知道嗎？大約在一百多年前，人們才想到生產鞋子要有左右腳之分呢！

77.

「唯有在別人淘汰自己的產品之前能夠自行淘汰的大企業才會成功。」

—比爾‧蓋茲，微軟公司董事長暨軟體總技術長

"The only big companies that succeed will be those that obsolete their own products before somebody else does."

— Bill Gates, Chairman and Chief Software Architect of Microsoft Co.

〈評論〉

　　這就是說：與其讓別人來打倒你的產品，不如自己先打倒自己，不斷地否定自己的過去，才能在市場上立於不敗。

　　我們再拿比爾‧蓋茲的話與一般的思考做個對比：

①東西又沒壞，幹嘛去修它？

②何必去破壞大好的局面？

③只要這產品的利潤大於零，為何要淘汰它？

　　企業界總裁經常掛在口邊的一名話，就是英特爾董事會主席葛洛夫的名句：「唯偏執狂得以倖存（Only the paranoid survive）。自行淘汰自己的產品正是偏執狂式憂患意識的最佳註解。

　　很多企業都是在情勢大好時犯下致命的錯誤，企業在景氣時的決策心態通常比在不景氣時來得樂觀，例如遷到更大、更新的辦公室；雇用更多的員工來處理繁榮時的尖峰工作量等等。當好景不再時，這些過份樂觀的決定隨即成了企業擺脫不了的惡夢。

78.
「我們應該去做別人認爲是瘋狂的事。如果別人認爲我們做的事是個好主意，那意味著早有人已在做我們正在做的事了。」

—肇見樽，佳能公司總裁

"We should be doing something when people say it is crazy. If people say something is good, it means someone else is already doing it."

— Hajime Mitaru, President of Canon

〈評論〉

　　凡夫俗子對創新之舉都會經歷下列四個階段的想法：

　　①你瘋了嗎？別來浪費我的時間（一副很忙的樣子）。

　　②這個點子蠻有趣的，可是它沒有什麼商業價值（一副酸溜溜的樣子）。

　　③我早就說過這是一個好主意（一副很英明的樣子）。

　　④我早就想過這個點子了（或者乾脆說自己是第一個想到這點子的人）。

79.

「在過去的十五年內，各產業的廠商沈迷地致力於供給面的管理，從生產到配銷、定價……，我們因而在生產力增長上取得巨大的改善。但是由供給面來推動企業成長的機會與構想已近枯竭……九十年代結束在即，這種策略的適用性也到了尾聲，企業將被迫轉移意力到最上線。」

—彼得·喬治斯庫，揚雅廣告執行長

"For the past decade and a half, companies in every industry have obsessively devoted themselves to managing the supply side of their business, from manufacturing through distribution and pricing …… We've made enormous improvements in productivity. But opportunities and ideas to drive incremental growth are drying up …… the 90's draw to a close, so will the viability of this strategy.Increasingly, companies will be forced to focus on the top line."

— Peter Georgescu, CEO of Young and Rubicam

〈評論〉

供給面管理是追求已知的完美，企業也需要追求不完美的未知——創新！唯一長久的競爭優勢是來自新產品的開發與創新，由供給面提高企業效益常涉及冷酷地解雇未能利用的勞力，能裁減冗員而提高生產力的企業值得驕傲，但能因創新而增加就業機會的總裁方是天才。

80.「新力公司成功的關鍵—同時也是任何在商業、科學與技術上成功的關鍵就是絕不追隨別人。」

—盛田昭夫，新力公司創始人之一

"The key to success for Sony, and to everything in business, science and technology is never to follow others."

— Masaru Ibuka, Cofounder of Sony

〈評論〉

追隨前人腳步走過來的人，絕不會留下足跡，這是一個簡單明白的道理，然而對許多人來說，自己向前走的想法總抵不過攀附前人捷徑的誘惑。難怪古人感慨道：「因人俯仰終奴僕，家數自成始丈夫。」

新力公司的廣告中有一首記錄「新力精神」的歌詞，前幾句是這樣的（日本人的經營企業小招數有時真令人噴飯）：

新力就是開拓：「她猶如一扇打開的窗戶，向著一切未知的世界⋯⋯新力，勇敢地向前衝，用企業化的步伐，開拓出新的領域。」

81.

過分的提高品質能夠毀掉一個企業。"

—羅伯特・路茲，克萊斯勒汽車董事長

"To much quality can ruin you."

— Robert Lutz, Chairman of Chrysler Corp.

〈評論〉

　　並不是每一個追求優質產品的企業都清楚追求的方向，優質的概念可以由消費者來定義，也可以由企業的生產技術來定義。當這兩種定義不盡相同時，追求優質產品的理念就有了問題。因為消費者可能不願為一些無用的產品功能支付更高的價格，從而造成需求的下跌。相對於「產量過剩」來說，這種現象可稱之為「質量過剩」。

　　福特汽車在經歷了質量過剩的慘痛教訓後，為了防止卡車車輪生銹，福特公司特別加強了螺絲帽的防銹處理。在生產上，這當然可視為品質的改進，但沒料到經防銹處理過的螺絲帽極易脫落，車輪會因而自行飛馳離去。福特公司被迫回收一百七十萬輛卡車。意外發生後，交警告訴驚魂未定的駕駛人說：「好消息是你的車輪完全沒有生銹；壞消息是它們並不在車上，而是躺在前方二百碼處的草堆裏。」

第十章
企業文化

在我們公司裏普遍存在著
這種頑強的韌性——
那就是我們必將克服一切。

Corporate Culture

82. 「企業文化就是指當你不在時，你的員工在幹啥？」

—詹姆士‧烏拉，布拉芙公司總裁

"Culture is what your people do when you are not around."

— James Unruh, President of Burroughs

〈評論〉

「什麼是企業文化？那就是員工在三個月沒有工資拿的情況下，仍舊可以安心幹活。」這句話道出了企業文化的生產力價值。企業文化並不是形諸文字的規則，而是組織內成員共同認定且遵守的行為規範。更簡易地說，企業文化是企業組織這麼一個小社會裏的風俗習慣，從表面的服飾、言談到危機處理的心態都會受到企業文化無形的影響。

一個企業文化的對比實例如下：摩根證券會派出 20 名專家對一位顧客做 3 小時的詳細投資計劃的說明；高盛證券卻僅派出 2 名代表，在高爾夫球俱樂部的酒吧裏用一張餐巾紙向顧客描繪投資計劃大綱，這就是企業文化的差異。

企業文化也可以是非常簡單的一個信條。美國 MNBA 銀行執行長查理斯‧考利曾說：「我們沒有企業文化，我們只有企業態度：那就是滿足每一位顧客。」

83.

「我有一種事在必成的態度，我認爲任何值得去做的事都可以做得成，在我們公司裏普遍存在著這種頑強的韌性──那就是我們必將克服一切。」

—理查·舒瓦茲，最佳買點執行長

"I have a can-do attitude. I believe anything worth doing can be done. There is this sense of resilience at Best Buy that says we will overcome."

— Richard Schulze, CEO of Best Buy

〈評論〉

　　舒瓦茲在1966年創立的最佳買點，的確因為他積極頑強的個性而度過了多次的難關。最近一次在97年的難關是因為不能及時反應市場對新一代電腦的需求，最佳買點被迫提列四億美元的舊電腦存貨損失，股價低迷到每股二美元。舒瓦茲瞭解到在消費性家電產業中，快速的存貨週轉率是企業盛衰的關鍵；提高存貨週轉率則有賴於正確的掌握顧客的需求。

　　為此，他親自對每一家分店的顧客需求做詳盡的研究，允許各分店依顧客需求的地區性差異，採取不同的進貨/存貨策略。如此一來，舒瓦茲成功地將存貨週轉率由97年的3.6次提高至98年的6.6次，全美312家連鎖店的營業收入達到一百億美元，股價更飆高至每股50美元。

　　舒瓦茲是美國空軍的退伍軍官，所以這種事在人為、頑強的韌性或許與他的軍人背景有關。美國波斯灣戰爭的總指揮官史瓦茲科夫將軍，在戰後廣獲大企業的邀請演說（每場演講費高達一萬美元），甚至有多家大企業要聘他出任首席，軍人的氣質在企業界亦有用武之地。

84. 「管理階層的首要責任是保護企業，持續地抵抗競爭者的攻擊，並且要教育屬下使他們明白這個守護神的角色。」

—安迪‧葛洛夫，英特爾董事會主席

"Prime responsibility of a manager is to guard constantly against other people's attack and to inculcate this guardian attitude in the people under his or her management."

— Andy Grove, Chairman of the board, Intel

〈評論〉

我們小的時候都聽說過大象與老鼠的寓言，龐然大物的象先生居然最害怕老鼠鑽到它的鼻子裏。像英特爾這樣的巨型企業，又何嘗不害怕那些突然崛起的新銳企業呢？於是，葛洛夫這樣的憂患意識領袖就得扮演大象鼻子守護神的角色。

海爾集團總裁張瑞敏說：「對於企業，決策者只扮演兩種角色，就是總設計師和牧師。總設計師是企業這艘大船的結構，牧師就是不斷地傳播企業文化，講企業文化的道。」

85. 「其中之一就是管理階層更加熱衷於提高股東權益的主張，任何可以提升股價的行動都被認為是正確的策略，這種想法使得原本極好的構想（視企業績效以股票選擇權的方式來支付管理高層報酬）突變成一個怪物。」

—艾倫·甘迺迪，《企業文化》作者

"One was management growing fascination with stock-holders-value proposition, which basically post that whatever raises stock prices is the right thing to do …… This thinking has created a monster out of what began as a good idea- performance-based compensation in the form of equity."

—— Allan Kennedy, author of "Corporate Culture"

〈評論〉

　　在今天的美國企業裏，股票選擇權是支付管理階層報酬的最主要方式（經由股票選擇權獲得的收入可以是薪水的千倍！）。由於這種企業績效與報酬捆綁在一起的制度，自私貪婪的高階管理人很快地瞭解到快速累積自身財富的有效途徑，就是提高公司的股價。因此高階管理人的決策動機未必是為了公司的長期利益，而是為了公司股價的短期表現。

　　甘迺迪先生在他的新書《企業文化的危機》中大膽地預言道：許多前一百大的企業在五十年內必將沒落，這些大公司比包括了 IBM、美國奇異（GE）、柯達（Kodak）、通用汽車（GM）、西爾斯（Sears）等等。」2000 年的恩龍及層出不窮的假帳風波即應驗了甘迺迪先生的預言。

第十一章
電子商務

這是一個以電腦網路面貌出現的產業，
電腦網路的使用徹底改寫了
所謂市場的定義。

86.

「全球資訊網裏有些是純粹功能性的網站，看看雅虎一點也不花俏，只有灰藍兩個顏色。再看看我們的全美連線網站，僅僅是平面式的設計，你需要的是使網上購物快速、便捷，不須要影片，不須要音效，馬上進入重點。」

—泰德・李昂希思，美國線上互動設計部總裁

"There are sites out there that are just functional. Look at Yahoo. It's not fancy; it's just gray and blue. Look at us at AOL. We are pretty much a flat site. You want to make buying really fast and easy. No videos, no bells and whistles. Just get to the point."

— Ted Leonsis, President of AOL Interactive Properties Group

〈評論〉

網頁的設計外觀不是重點，速度才是關鍵，延遲網頁下載速度的花俏圖片與影片令人不耐之至。如果你在網路上購物，一個網頁需要 15 秒才能下載，另一個卻只要 1 秒，你會選擇那一個？上網的人重視的是更有效、更快速的下載與便捷的交易。亞馬遜網路書店是個參考範例，滑鼠點一下即可完成交易。

87. 「這是一個以電腦網路面貌出現的產業，產業中有著明顯的規模經濟現象，電腦網路的使用徹底改寫了所謂市場的定義。」

—約翰·雷德，花旗銀行董事長

"This is an industry in its electronic form where there are clearly returns to scale and the definition of the market place is totally altered by electronics."

— John Reed, Chairman of Citicorp

〈評論〉

　　傳統的銀行作業系統早已過時，電腦網路的盛行迫使銀行業者需要做根本的改變，知道如何改變的銀行才能生存，其他的銀行只有在原地絕望地掙扎下去。銀行業最大的挑戰，是徹底地接受一個人們根本不需要銀行的事實。藉著網路，人們不必親自上銀行處理事務，甚至在證券商那裏開設一個投資帳戶已經足夠應付一切。

　　在證券商的帳戶裏，現金餘額可以賺取比銀行存款更高的利息，帳戶所有人也可以使用支票提存現金，而且這個帳戶還具備銀行不能提供的股票投資買賣功能。

　　銀行產業的規模經濟現象以及因網路盛行而改變的市場概念，促成了銀行產業的大規模合併風潮，像富國銀行與第一州際銀行的合併，跨區域的超級銀行紛紛出籠。證券商合併的風潮亦方興未艾，摩根·史坦利與丁懷德證券的合併即說明了這種規模經濟的現象。

88. 「一個絕不可缺且與電腦網路互補的科技就是波音 747。」

—比爾‧拉都切爾，昇陽電腦資訊長

"The indispensable complementary technology to the electronic net is the Boeing 747."

— Bill Raduchel, C.I.O. of Sun Micro System

〈評論〉

電腦網路的發展使得全球通訊與知識傳播變得快捷無比。然而，語音郵件、電子郵件卻無法傳遞握手、擁抱與雪茄。電腦網路永遠無法完全取代面對面的溝通。

89. 「一個普遍的想法是：你必須投入大量的資金來推廣網站。但是在這之後，你才會開始瞭解到更重要的是必須要有一個實際的電子商務模型。」

—史考特‧倫道，公平市場執行長

"There is a common belief that you should basically spend an infinite amount of money to promote your site. What you are starting to see is that at the end of the day,

you have to have a real business model."

— Scott Randall, CEO of FairMarket Inc.

〈評論〉

　　投入資金推廣網站是為了吸引上網的人潮。如果網站新奇或推廣得法，上網的人必然會快速成長。但是電子商務的銷售則不一定，關鍵在於你必須有一個能被廣泛接受的電子商務模式。像在網站上拍賣模特兒卵子是哪門子的電子商務模式？這類標新立異的網站雖能轟動一時，但絕無法產出經濟利益。

　　至於哪一種商品較利於發展電子商務模型？一般而言，針對女性的商品比男性商品容易，根據調查顯示：女性比男性有更多在網上購物的衝動。標準化程度高的商品亦利於發展電子商務模式，例如書籍、光碟會比流行服飾有利於電子商務。服務性的網站通常不在乎是否能發展出直接的經濟效益，而是將重點放在是否能產生降低成本或是間接的經濟效益（例如廣告）上。

90.「很多人都以為網路即是通往金礦的單程機票，但是絕大多數想上網的公司將不會有利可圖。」

—哈爾西·邁諾，CNET 公司創始人、執行長暨董事會主席

"A lot of people out there thought the internet was one-way ticket to a pot of gold. But the vast majority of companies that are trying to do content on the Web won't become profitable."

— Halsey Minor, CEO, Chairman of the Board and Founder, CNET Inc.

〈評論〉

　　網路泡沫經濟破滅之前，華爾街投資人對首次公開發行的網路股當真是趨之若鶩，不知造就了多少千萬富翁。但是網路股票不會無休止上漲，最終還是得由盈餘來決定股價。除了那些旁門左道的賭博與色情網站之外，目前能在網路上創造盈餘的企業屈指可數，就連著名的亞馬遜網站目前也處於虧損的階段。

　　根據最近對全美最受歡迎的 25 個電子商務網站進行調查，有幾項結果可供有興趣從事電子商務的企業參考：①最終決定購物的人占上網人數的比例為何？—1.75%（如果你只是千萬網站中的一個，想想看這個比例會低到什麼程度！）；②在現有的顧客群中再度購買的比例為何？—10％（類似性質的網站多如牛毛。）；③經營網站的策略為何？—65％著重於服務客戶，20％著重於優質商品，15％著重於名牌商品；④知不知道為什麼上網的人沒有購買就登出網站？20 家網站回答：「不知道」，3 家回答：「知道」，2 家回答：「不確定」；⑤有沒有專職的經理負責售後服務？1 家回答：「有」；1 家回答：「考慮中」；另外 23 家則回答：「沒有」。

第十二章
會計管理與MBA

資產負債表很像比基尼泳裝，
暴露出來的部分非常有趣，
但掩蓋住的地方才是重點。

Accounting and MBA

91.

「在初創美體小舖時，我擁有一項極大的優勢：那就是我從未在任何商學院學習過。」

—安妮塔‧羅迪克，美體小舖創始人

"A great advantage I had when I started the Body Shop was that I never been to business school."

— Anita Roddick, Founder of Body Shop

〈評論〉

　　加拿大麥吉爾大學（McGill）的教授亨利‧明茲柏格（Henry Mintzberg）對企業管理碩士的課程抱持更加懷疑的態度。他說：「好吧！你錄取了一批聰明、毫無經驗、從未管理過任何人或任何事的年輕人，想憑著兩年的課堂訓練將他們轉變成能幹的經理人，這簡直是荒謬無比的主意。」

　　很多商學院以案例研究為主要的訓練，「案例」研討對一個庸才的效果，不過是促使他養成凡事「按例」出招的僵硬思考，反之像安妮塔的美體小舖，根本不是一個按例思考的企業。於是商學院招收的學生愈多，企業失敗的案例將會愈多，當然商學院的案例教材也會愈豐富。

　　換句話說，全世界大學的文學院都不是培養作家的地方，魯迅、郭沫若、茅盾、巴金、曹禺、錢鍾書等著名作家都沒有讀過文學系。這就如同在你尚未跟一個女人結婚或同居之前，千萬不要說你瞭解這個女人。企業管理也是一樣的，在真正管理一個企業之後，你才會瞭解過去在課堂上學習的企業管理全不是那回事。你可以學習許多「原則上」的思考，可是許多冷酷的挑戰需要的卻是「原則下」的對策。

92. 「我不看重文憑，因為文憑自己不會工作。我讀書時成績沒有別人好，又拒絕參加畢業考試，校長叫我過去並勸我退學。我告訴校長說我不要文憑，文憑的價值還不如一張電影票。電影票至少還保證你可以進入戲院，一張文憑什麼也沒保證。」

　　　　　　　　　　　　　　　　　　—本田宗一郎，本田公司創始人

"I am not impressed by diploma. They don't do the work. My marks were not as good as those of others, and I didn't take the final exam. The principle called me in and said I have to leave. I told him that I didn't want a diploma. They had less value than a cinema ticket. A ticket at least guarantees that you would get in. A diploma guaranteed nothing."

　　　　　　　　　　— Soichiro Honda, Founder of Honda

〈評論〉

　　在這裡不是完全否定教育的價值，而是說教育的結果應體現在受教育人的身上，不是在一張文憑上。正規的教育能夠傳授許多道理，可是更重要的知識，如生活思維與技能（essential skills in life）則得靠自己去學習、鍛鍊。如果做不到這一點，你不過是一個擁有名校文憑的文書處理員罷了。

93. 「光是履歷表是不夠的，履歷表像是一份沒有負債的資產負債表。」

—格雷・艾伯力，微企公司執行長

"A resume isn't enough; it's a balance sheet without any liabilities."

— Craig Aberle, CEO of Microbiz.

〈評論〉

　　一份精雕細琢的履歷表很可能是請專業人士捉刀的結果；假如不靠別人，自己就可以寫出一份精彩的履歷表，那麼他在寫履歷表這事上一定蠻有經驗，而為什麼這麼有經驗就耐人尋味了。

　　比較一般企業在選購影印機和雇用一個年薪七十萬台幣的職員所考慮的時間，大部分的企業居然是花較多

的時間於前者。請問一下，一台爛影印機與一個無能的
職員相比，那一個對企業的傷害性較大？

94. 「資產負債表很像比基尼泳裝，暴露出來的部分
非常有趣，但掩蓋住的地方才是重點。」

—無名氏

"A balance sheet is very much like a bikini bathing
suit. What is reveals is interesting, what it conceals is
vital."

— Anonymous

＜評論＞
　　大概不會有企業願意和外人裸露相見。那些身材火
辣的企業（財務比例該大的大，該小的小），再加上一
個能幹的會計部門，自然可以打扮成超級泳裝模特兒登
場。至於身材臃腫的企業穿上比基尼泳裝的效果是：暴
露出來的地方令人噁心，掩蓋住的部分更是醜陋不堪。
所以會計部門的工作就像是在替企業量身訂造最合適的
泳裝。

95.
「會計可以是既聰明又有野心的人，但本質上他們是數豆子的傢伙、支持企業運轉的幕僚，他們不能主導企業的方向。」

—羅伯特・湯森，艾維斯租車公司總裁

"Accountants can be smarter than anybody else, or more ambitious, or both, but essentially they are bean counters-their job is to serve the operation. They can't run the ship."

— Robert Townsend, President of Avis

＜評論＞
　　話雖如此，優良的財務幹部可是瀕臨絕種的動物，因為企業許多棘手的問題經常是源於財務幹部沒有能力去適應它快速成長的需要。以管理的結構來看，常見的一個模式是：能管人的人、管能管事的人、能管錢的人、管所有的人，而在大部分企業中，會計的威權仍普遍存在。

96.
「你也必需尊重別人的想法，如果你自認正確，當然沒有理由不為自己的主意辯護。但是如果別人的主意比你的更好，你應該接受並成為最有力的支持者，這是許多人們—特別是那些剛出道的 **MBA** —無法了解的事⋯⋯在商學院裡學不到的常識，到了這兒別以為你什麼都懂。」

—唐‧費雪，**GAP** 創始人

"You've got to respect other person's idea as well. There is no reason not to fight for your ideas, if you think you're right. But if other person's idea is better, you should accept it and then be a big supporter of it. This is something people-especially newly minted MBA's-fail to understand ⋯⋯ Common sense is something you don't get in business school. Don't arrive and think you know everything."

— **Don Fisher, Founder, GAP Inc.**

＜評論＞

　　有時不得不感嘆，容納的雅量似乎與教育程度成反比，心胸狹窄的知識分子多到令人無語。剛出道的 MBA 在提出決策建議時，別忘了企業文化，它可以是阻力也可以是助力。在沒深切了解企業文化之前，即便是之前所認知真理，也不能毫無章法地橫衝直撞。

第十三章
女性行銷

女人買的精明，
而且她們了解行情，
她們很清楚市場上有啥。

Women Marketing

97.

「如果我們能贏得女性顧客的忠誠，男性將跟隨而來。女人買的精明，而且她們了解行情，她們很清楚市場上有啥。」

—巴布·提爾門，勞氏企業執行長

"If we could win over the loyalty of the female shopper, men would follow. Woman shop intelligently. They know the prices of things. They know what's available."

— Bob Tillman, CEO, Lowe's Companies

<評論>

　　這個概念運用在勞氏企業也算是創意了。勞氏企業是家居 DIY 維修連鎖商店，規模略遜於第一大的連鎖店——家居貨棧（Home Depot）。成立於 60 年代的勞氏企業，在 80 年代末期飽受後起之秀家庭站的侵略，節節敗退。提爾門從 89 年任副總裁到 96 年接執行長，帶領勞氏企業改革蛻變，從 89 年 295 家聯鎖店的 20 億營業額，成長到 99 年 525 家連鎖店營業額 120 億。提爾門認為家居 DIY 的項目，大多由女人做主，所以店面與購物空間的設計應該為女人設想得多一些，你同意嗎？

98.

「女人想穿有女人味的衣服，男人想要的女人是穿女人味衣服的女人。」

——理查‧李昂斯，GAP 企業總裁

"Women want women's clothing, and men want women who want women's clothes."

— Richard Lyons, President of GAP

<評論>

　　美國 GAP 企業原先以生產和行銷牛仔褲、T 恤為主，後來改變了產銷路線，著重於利潤較高的流行服飾，企業效益因而大幅提高。當被問及 GAP 企業為何嘗試這麼大膽的改變時，總裁理查‧李昂斯只回答了前面這句話。

　　由這句話的啟示得知：原來是荷爾蒙帶動了服裝業的繁榮。再舉個例子：當兩位男子聚在一起發牢騷，甲對乙嘆氣說：「前天，一顆沙子落在我太太的眼睛裏，讓我花了 300 塊醫藥費。」乙不屑一顧地回敬甲說：「你那算什麼。昨天，一件貂皮大衣落在我太太的眼裏，讓我花了 30000 塊。」所以難怪猶太商人相信：盯準女人和孩子的腰包，財源就會滾滾而來。

99. 「女人投資股票的報酬率較男人高出 1.4 個百分點，未婚女性的優勢更大——高出男人 2.3 個百分點。」

—泰倫斯・奧丁教授，加州大學戴維斯分校

"Women get better returns than men-1.4 percent better. And single women have an edge even greater-2. 3 percent over single men."

— Terrance Odean, Professor at UC Davis.

<評論>

奧丁教授追蹤了在 1991～1997 年間 15 萬個散戶的股票買賣，並發現女性投資人的表現比男性投資人優異，主因不是女性選股的直覺或經驗較佳，而是男性投資人的交易太頻繁。據統計顯示，女性投資人平均兩年才調整投資組合；而男性平均 15 個月調整一次。

有趣的是，被賣掉的股票往往比新買進的表現好，所以交易頻繁的投資人當然討不到便宜。男性投資人在選股時往往過分自信；而女性投資人常自認在股市方面的知識不足而較保守，再加上男性投資人「大丈夫」天性的弱點，股票下跌時會有「大丈夫要沉得住氣」的過分自信，等慘跌到絕望時又以「大丈夫要提得起放得下」的態度認賠殺出，在換股後卻發現被掉的股票又回升了。在這裡提出一個建議：如果您未婚，買賣股票聽你女朋友的話；如果您已婚，買股票最好聽老婆的話。

第十四章
決策的智慧

憤怒可以成爲有力的協商手段，
但是憤怒必須是經過
計算得失後的行爲策略，
絕不可以是個人的情緒反應。

100.「一個成功的企業需要有三個人：一個夢想家、一個企業家和一個婊子養的混蛋。」

—彼得‧麥克阿瑟，美國著名管理學家

"Every successful enterprise requires three men - a dreamer, a businessman, and a son-of-a-bitch."

— Peter McArthur

＜評論＞

夢想家勾畫了一個企業大格局，他創立的企業是一個「成長中的大企業」（雖然它的起始規模可能很小），而不是一個「有大計畫的小企業」。

企業家協調與管理企業的成長，企業的成長速度決定於管理階層的能力。

那個婊子養的混蛋則專門做兩種事情：

其一，做常人眼中出格的事情，或者說以超常規的方法解決問題。

其二，老是要求別人做不可能做到的事，簡單地說就是「你老是去做你認為可以做得到的事，那又有什麼意思呢？」

101.

「性愛與企業開拓精神有何共同之處？全世界所有的技術手冊都無法傳授實際的操作經驗。」

—摘自 1996 年美國 "Inc." 雜誌

"What do sex and entrepreneurship have in common? All the technical manuals in the world can't prepare you for the actual experience of doing it."

— Inc., 1996

＜評論＞

　　當我們看到一個成功的企業時應該瞭解到，這是有一個人在過去的某一個時刻，做了一個勇敢的決定。德勵（Telerate）的創始人希爾信（Hirsch）說：「我想我是笨到不知道這是不可能的事，所以我就糊裏糊塗的放手幹了。」有些企業家靠著卓越的能力；有些則靠著經驗，但是也有很大多數的成功是由於「錯誤」。這倒不是說企業家都是糊裡糊塗的成功了，而是說企業家闖出的事業常是一般人眼中不可能達成的一種錯誤。但企業家也不一定比一般人更獨具慧眼，因此企業家這個字眼在某種程度上是一個勇敢的賭徒。

102. 「十分之一的成員承擔了三分之一強的生產，增加組織內的成員僅僅是減少了平均生產量。」

—諾曼·奧古斯汀，洛克希德·馬丁執行長

"One-tenth of the participants produce over one-third of the output. Increasing number of participants merely reduces the average output."

— Norman Augustine, CEO of Lockheed Martin

＜評論＞

　　這是企業家對經濟學報酬遞減定律的一個註解，直觀上來說，幾乎所有的組織至少都有百分之五十的某種浪費：人員的浪費、空間的浪費、時間的浪費、勞力的浪費、勞心的浪費等等，人員浪費的問題並不在於「太多人」去做一件事，而是「沒有人」去做。推、拖、摸、拉、混，根本是冗員充斥組織內的普遍心態。

103.

「一旦你允許不屬於決策核心的人進入你的辦公室，這裏將整天人來人往，熙熙攘攘。老天！我哪來時間去思考更重要的事情啊！」

—菲力浦·耐特，耐吉公司執行長

Once you let your people in your office, they will come in an out all day long. I need to think.

— Philip Knight, CEO of Nike

〈評論〉

很多辦公室並不是用心思考的地方，而是應酬、閒談的場所。美國人戲言說：「人的大腦真是一個奇妙的器官，當你早晨一起來，它就開始繁忙的工作，直到你進入你的辦公室為止。」

臺灣人白天在辦公室談女人，晚上在有女人的夜總會談生意；美國人則在一場高爾夫球局或網球局中擬定重大的決策。其實，你應該讓你的辦公室成為禁地，不需要用「有問題隨時來找我」的態度來展現你的親和力。

104.

「有些經典名片值得解析與討論，企業界人士可以由這些討論中領悟到與自己工作相關的管理原則。」

—詹姆士·克雷門斯，美國作家

"Films beg to be interpreted and discussed, and from these discussions business people can come up with principles for their own jobs."

— James Clemens, American writer

〈評論〉

我們是否可以由經典名片中學習到領導管理的原則與技巧呢？各位總裁、執行長與經理們，不妨一睹美國《Inc.》雜誌推薦給經理人的十大名片（中譯名稱或有出入）：

阿波羅十三號（Apollo 13, 1995）

桂河大橋（The Bridge over the River Kwai, 1957）

春風化雨（Dead Poets Society, 1989）

伊莉莎白（Elizabeth, 1998）

大亨遊戲（Glengarry Glen Rose, 1992）

相逢何必曾相識（It's a Wonderful Life, 1946）

諾瑪蕊（Norma Rae, 1979）

飛越杜鵑窩（One Flew over the Cuckoo's Nest, 1975）

十二怒漢（Twelve Angry Man, 1957）
晴空血戰史（Twelve O'clock High, 1949）

105.
「憤怒可以成為有力的協商手段，但是憤怒必須是經過計算得失後的行為策略，絕不可以是個人的情緒反應。」

—馬克‧麥考梅克，《哈佛學不到的經營策略》作者

"Anger can be an effective negotiating tool, but only as a calculated act, never as a reaction."

— Mark McCormack, Adapted from "What They don't Teach You at Harvard business School"

〈評論〉

有關協商的提示如下：

①每個人都是可以協商的。

②奉承是協商的先頭部隊。

③不斷重複保證的人即是有意毀約的人。

④鐵的保證通常在希望破滅後出爐。

⑤禁止鐵齒！千萬不要告訴對方你絕對不同意。

⑥凡事同意你的對手若不是個呆子，就是早已準備好日後要狠狠地剝你一層皮。

⑦堅持「屬於我的就是我的，屬於你的我們可以談判」的人不會是塊做生意的料.

⑧協商的態度是先假設雙方都希望達成協議，而不是分裂。

⑨意見愈分歧，協商的結果愈可觀。

106.

「我出訪過前蘇聯與中國，見識過所謂的計劃經濟。簡單地說，那令人作嘔。假如微軟主宰電腦產業的局面也達到比爾‧蓋茲所希望的稱霸程度，我們的電腦產業也將同樣地令人作嘔。」

——史考特‧麥考尼利，昇陽電腦公司執行長

"I have been to former Soviet Union and China, and I've seen what controlled economics are like. They suck. If Microsoft dominates the computer business the way Bill would like to, our industry would suck, too."

— Scott McNealy, CEO of Sun Micro System

〈評論〉

競爭是提高企業效率的不二法門，些許的競爭是一件好事，激烈的競爭更是一種祝福。假如你沒有了競爭對手，你得去製造或幻想一個對手。競爭的過程中，或許少不了人性的醜惡，但最好的產品終將淘汰一切。

107.

（1）在英文中最重要的五個字是：我以你爲榮！

（2）在英文中最重要的四個字是：你的看法？

（3）在英文中最重要的三個字是：是否請……

（4）在英文中最重要的二個字是：謝謝！

（5）在英文中最不重要的一個字：「我」

——羅伯特・烏若夫，可口可樂公司董事長

Five most important words in English language: I am proud of you!

Four most important words in English language: What is your opinion?

Three most important words in English language: If you please?

Two most important words in English language: Thank you!

Least important word in English: " I ".

— Robert Woodruff, Chairman of Coca-Cola

<評論>

我想這也適用於您的兒女及親人。

108.

「花錢塑造企業形象是絕對值得的。如果我現在開始創業，我將會用全部的財力去製作我的名片。」

—大衛‧赫茲，辛得亞斯公司執行長

"Identity is absolutely worth spending money on. If I were a start-up company, I'd like put everything in my business card, even if it was all I had."

— David Hertz, CEO of Syndesis

〈評論〉

　　這段誇張的語氣強調了企業形象的重要性。企業形象可以體現在名字、商標或是口號上。幾乎所有的小孩都能認得麥當勞的商標，心理學家認為這個商標象徵著母親的乳房，製造了難以抗拒的親切感。迪士尼的口號也極有創意：「全世界最歡樂的地方。」而英特爾的名字本身就是一個含義為智慧的字根。

　　企業形象的觀感純屬主觀判定，下面一則小故事說明了其主觀性。朗訊（Lucent）公司是由美國電報電話公司剝離出來的通訊設備公司，剛一成立就名列全美前五十大企業。易立信（Ericsson）的一名主管得知朗訊成立後的反應是：「朗訊！你在開玩笑吧！這是他媽的什麼名字？這見鬼的名字是什麼意思？全世界的人將會用這個名字編出無數的笑話！」

109.

「本公司的一個鐵律是：絕不與你不喜歡的人做生意。你不會無緣無故地不喜歡某個人，很可能是你打心眼裏就不信任他，而且你的感覺也可能是正確的。我不管他是誰，也不管是否取得了預先付款的保證，或是其他類似的安排。如果你和你討厭的人做生意，遲早要吃大虧的。」

——亨利·夸德拉齊，夸德圖形公司總裁

"One of iron-clad rules is never do business with anybody you don't like. If you don't like somebody, there is a reason. Chances are it's because you don't trust him, and you are probably right. I don't care who he is or what guarantees you get- cash in advance or whatever. If you do business with somebody you don't like sooner or later you will get screwed."

— Henry Quadracci, President of Quad/Graphics Inc.

〈評論〉

　　許多政客們都篤信：沒有永遠的朋友，沒有永遠的敵人，只有永遠的利益。這樣現實的政客是否遲早也要吃大虧呢？

　　即使在商場上，夸德拉齊先生的話也有些難以入耳，畢竟利益的誘惑讓人有些難於割捨。可是，千萬別小看你的直覺，因為世界上沒有無緣無故的愛，也沒有無緣無故的恨。

110.

撰寫商業往來備忘錄的要訣如下：

以「本備忘錄是關於……」起頭，強迫自己在第一個句子就破題表明備忘錄的目的。

如果牽涉的金額低於 3 百萬，只准寫一頁。這絕對有助於讓讀文件的人集中精神於真正的要點，其他有關問題可以使用圖表和附錄作輔助說明。

說明任何事只用三個理由，絕不用二個或是四個理由。如果你只有二個理由，想辦法編出第三個；如果你有四個理由，趕緊想辦法刪去一個。

——美國寶鹼公司內部文件

This summarizes tips for writing the perfect business memo:

1. Begin every memo with the word "This". It allows you to get started, and to tell the reader in the first sentence what the purpose of the memo.

2. If it is under three million, put it on a single page. This forces you and your reader to focus only on what is really important. Additional information can be added as exhibits.

3. There are three reasons for everything. Never two or four. If you have two, make another one up. If you have four, cut on out.

—— Procter & Gamble Co.

<評論>
簡潔是煽動的基礎，冗長是昏庸的訊號。

111.

「那時候喬丹還是個新人，每次我在說服企業聘請喬丹為產品代言人時，他們總是問：『我們要一個黑人籃球員幹嘛？』」

—大衛‧佛克，運動經紀人

"When Michael was a rookie, I'd approach companies and they'd say "What on earth are we going to do with a black basketball player?""

—— David Falk, sports agent

〈評論〉

　　結果呢？耐吉球鞋的喬丹系列每年替耐吉創造了 1
億美元的收入，現今最紅的職業運動員老虎伍茲每年替
高爾夫產業賺 6 億 5 千 3 百萬美元。

　　看走眼的例子太多了：

　　在個人電腦剛發展的初期（70 年代初），IBM 預測
全世界的需求量是每年 20 萬台。現在呢？美國個人電
腦的每周銷售量早已突破 50 萬台。

　　在 1956 年時，IBM 宣佈無意願生產大型電腦，因
為全世界的需求量大約只有 10 台。

　　1943 年 IBM 的董事長湯瑪士・華生胸有成竹地
說：「我想，五台電腦就足以滿足全世界的市場。」

　　無聲電影時代造就的富翁哈里・華納在 1927 年還
堅信：「有哪個傢伙願意聽到演員發出聲音。」

　　福煦元帥（法國高級軍事學院院長、第一次世界大
戰協約國總司令）對當時剛剛出現的飛機很喜歡，他的
看法是：「飛機是一種有趣的玩具，但毫無軍事價
值。」

　　所以，法國哲人蒙田告誡我們：「按自己的能力來
判斷事物的正誤常是愚蠢的。」

112.

「我鑽到辦公桌下，因為這會使我說話的聲音聽起來更圓潤些，同時也避免了其他外線電話呼叫的干擾。然後，我苦苦地哀求。」

—史提夫・李維斯，《早安！美國》節目製片人

"*I went under my desk so my voice would be smooth and busy buzzing of my phone won't be heard, and I just begged.*"

— Steve Lewis, Producer of Good Morning America

〈評論〉

　　史提夫是電視節目《早安！美國》的製片人，上文是他自述如何說服名人們上節目的秘訣。現代的公共關係太需要厚黑學了，厚字訣的修煉也是成功的必要條件。

　　史貝斯通訊（Spaeth Communications）的創始人瑪利・史貝斯說：「成功的企業領導人有時必須扮演搞笑的角色。」有一次公司的公關部與紐約時報發生了不愉快的爭執，她回憶道：「我依約到達時報主編的辦公室，然後雙膝著地，誇張地爬進他的辦公室，哀求他再給我一次機會。」主編大笑後，兩人愉快地解決了問題。瑪利的經驗是：「當你把人們逗笑了的那一刻，他們不僅張開了嘴，也同時張開了耳朵。」

113.
「當微軟跪在地上，爬過來要跟你買東西,而不是你哀求微軟賣給你東西時，你知不知道這種感覺有多舒服。」

——史考特·麥考尼利，昇陽電腦執行長

"You don't know how good it feels to have Microsoft come crawling on its knees to buy something from you, instead of the other way around."

— Scott McNeally, CEO of Sun Micro System

<評論>
　　昇陽電腦公司授權爪哇網頁編輯軟體（Java）與微軟的網路開拓者（IE）軟體後，首席執行長史考特·麥考尼利發表了上述談話，如果昇陽電腦的規模不夠大的話，早就被微軟給併購了（這也是思科系統常用的發展策略）。

114.

「要搞垮一個企業？大約二、三個月就夠了。只需做到：堆積些存貨、慢些催收貨款，最後再加上對企業危機的茫然無知。」

——瑪麗‧貝屈勒，漫遊嬰兒車財務長

"It does not take too long to screw up a company. Two, three months should do it all. All it takes is some excess inventory, some negligence in collecting, and some ignorance about where you are."

—— Mary Baechler, CFO of Strollers

〈評論〉

貝屈勒點出了會計報表中二個重要的比率：存貨週轉率與平均收款期。其計算方法如下：

$$存貨週轉率 = \frac{本年度銷貨成本}{(去年年底存貨 + 今年年底存貨) \div 2}$$

$$平均收款期 = \frac{(去年年底應收帳款 + 今年年底應收帳款) \div 2}{今年度銷貨總額 \div 365}$$

一般而言，高存貨週轉率是高效率的指標，低平均收款期則意味著有高效率的會計部門。週轉不靈永遠是企業的頭號殺手，奇異公司總裁威爾許如是說：「衡量一家企業三個最重要的標準是：顧客的滿意度、員工的滿意度，以及現金流量。」

　　這些比率還得與產業的平均值比較才有意義。平均比率因行業不同而有很大差異，例如美國食品業的存貨週轉率平均值為9；而電子電器業僅為4.6；整個美國製造業存貨週轉率平均值為6.3。

115.「想要成爲一個企業家嗎？請先到幼稚園學習。」

（1）玩玩具時要與其他小朋友分享

（2）玩遊戲時要公平

（3）用完東西後要物歸原位

（4）不可以打人

（5）傷害到別人時要說對不起

（6）你製造出來的髒亂要自己收拾乾淨

（7）吃東西前要洗手，上完廁所後要沖水

（8）營養午餐要吃完，不可浪費。

　　　　　　　　　　　　　　　　—語出無名氏（Anonymous）

〈評論〉

　　這八條兒童行為規則中蘊含著成人的企業管理準則，它們分別是：

　　　①利潤分享

　　　②處事公正

　　　③有條有理

④尊重員工
⑤勇於認錯
⑥積極負責
⑦講求衛生
⑧注意健康

世上沒有訓練企業家的學校，不過幼稚園倒是一個理想的起點，想成為企業家的先生女士們，請先學習幼稚園的園規。

第十五章

股市概觀

股市就像一位患有
情緒失常絕症的市場先生。
他老兄有時候自我陶醉得很，
有時候卻又沮喪的不得了。

116.

「最能影響股市的事是所有的事。」

—詹姆士‧伍德

"The thing that most affects the stock market is everything."

— Jams Palysted Wood

〈評論〉

　　影響股票市場的因素實在太多了，企圖以有限的幾個因素來解出股市致勝方程式的「專家」保證長期活在「跌破眼鏡」、「令人費解」、「出乎意料」的驚愕狀態。還有長期因素、中長期趨勢、短期波動以及無規律的干擾因子。這麼多錯綜複雜的變數交互作用之後，呈現在你眼前的儘是少數幾個可以觀測到的資料。例如股價、交易量、市益比、上漲家數對下跌家數的比例，以及其他。

　　我們不剝奪你研究股市的樂趣，但是切莫自以為是。畢竟所有的人基本上都是一招半式闖江湖，其中的差異不過是有些人還以為自己的一招半式是全本的獨家秘笈呢！

117.

「當一個國家的資本市場產生了賭場性質的副作用時，原因極可能是沒有做好資本市場發展的工作。為了公眾的利益，一般人都同意賭場應該是一個不易進入而且花費高昂的地方。或許股票市場也應該如此。」

——約翰・凱因斯，英國經濟學家

"When the capital development of a country becomes the by-product of a casino, the job is likely to be ill-done, It is usually agreed that casinos should, in public interest, be inaccessible and expensive, And perhaps the same is true of stock exchanges."

— John Maynard Keynes, British economist

〈評論〉

　　凱因斯當然無法預知上網交易股票的便利程度，在低廉的佣金與快捷的聯網系統下，全美一千萬個股票帳戶每天利用網路從事大約 50 萬筆的股票交易，桌上型電腦儼然成了合法的賭場。

　　今天你的桌上型電腦比 20 年前美林證券所用的大型電腦更有威力，採用當日沖銷的投機客更是如魚得水（台灣股市當日沖銷的交易比例竟高達 15%）。管制股市，杜絕投機行為是項弊多於利、絕不足取的政策。然而，倒有些華爾街人士為了一般大眾的利益，主張管制期貨與期權市場，因為散戶投資人涉足衍生性金融市場的結果通常是輸得精光。

118.

「股市裡有三種同時在進行的價格作用力：（1）主作用力與股票內在價值有關的作用力；（2）次作用力，由近期事件驅動的短期價格震盪；（3）暫時作用力，源於股價本質上的不規律性與波動性。」

——查爾斯·道，《華爾街日報》創始人

"There are simultaneously three movements in progress

in the stock market: (1) Primary price movement, related to stock' s intrinsic values; (2) Secondary price movement, short-term fluctuations based on current events; (3) Tertiary price movements, due to erratic natures and volatility,"

—— Charles Dow, Founder of Wall Stree Journal

〈評論〉

主作用力簡單地說也就是牛市或熊市的趨勢，主作用力的持續期有時可長達數年。股市反彈、盤整則屬於次作用力，持續的時間可能是數星期或數月。暫時作用力基本上是每天股市交易的隨機干擾因素，與個別股票的波動性有關。這些不同的作用力都有合理的經濟理論解釋，不過道先生的觀點可以進一步地擴充成這個概念：股票價格是貪婪、疑慮、慌張等心理因素覆蓋在經濟理論上複合而成的函數。

119.　「縱使股票投資的最內在動機往往是投機性的貪婪，但是在人性上，我們仍然希望將這種不可愛的衝動，隱藏在由明確邏輯與理智判斷交織而成的屏幕之後。」

—大衛・陶德，美國知名股市投資專家

"Even when the underlying motive of purchasing stocks is mere speculative greed , human nature desires to conceal this unlovely impulse behind a screen of apparent logic and good sense."

— David Dodd

〈評論〉

這句話換掉幾個關鍵字後，也足以描述醜陋政客的心態。賭博也是一樣，有些人認為牌九、輪盤等一翻兩瞪眼的賭法最痛快，有些人則偏愛用腦力的賭法。例如說麻將、撲克牌還有些鬥智的味道。用腦力的賭，日後可以提供自我安慰或是虛榮吹噓的藉口：「我不是牌技不行，只是牌運不佳罷了。」或是「我不是不懂股票，只是運氣不好罷了。」等等，都是我們常聽到的無奈。

120.「與熊市同意字眼如下:下跌、疲軟、低迷是最溫和的字眼；陡降則較劇烈些；暴跌，不必震驚；倒栽蔥和沉底，說明了市場急轉直下；拋售，是技術性用語而已；盤整、修正、解析性與委婉性的說法；自由落體，令人警覺；潰散、崩盤，最好把窗戶鎖好。」

—威廉·薩費爾

"In the synonymy of the bears decline, sag and slump are the mildest; drop, more sudden; tumble, not shocking; dive and plunge, precipitous; sell-off, technical; correction, interpretive or euphemistic; free fall, alarming; collapse and crash, better lock that window."

— William Safire

〈評論〉

　　想不到有這麼多英文詞彙與熊市有關，把窗戶鎖好的意思，是免得一時想不開而跳樓。

121.「股市就像一位患有情緒失常絕症的市場先生。他老兄有時候自我陶醉得很，眼裡看到全是有利的因素，有時候卻又沮喪的不得了。企業界與全世界的未來在他的眼裡什麼都不是，只有麻煩。」

——華倫・巴菲特

"The market behaves as if it were a fellow named Mr. Market, a man with incurable emotional problems. At times he feels euphoric and can see only the favorable factors, while at other times he is depressed and can see nothing but trouble ahead for both business and the world."

— Warren Buffett

〈評論〉

　　巴菲特先生對付這位情緒失常的市場先生的方法，就是完全不去理他。巴菲特先生的哲學是：在買入股票之後，華爾街就算是休市一、兩年也不要緊，因為他一點也不關心短期的股價波動。股市就好像根本不存在似的。不要每日盯著股票的買價、賣價、收盤價，要冷眼旁觀股市的變化，觀察股市先生的情緒，看看股市先生是不是又在做蠢事。

122.

「十月份，這是股票投機特別危險的一個月。其他危險的月份還包括了七月、一月、九月、四月、十一月、五月、三月、六月、十二月、八月和二月。」

—馬克·吐溫，美國作家

"October. This is one peculiarly dangerous month to speculate in stocks. The others are July, January September, April, November, May, March, June, December, August and February."

— Mark Twain, American writer

〈評論〉

　　股價波動是否有季節性？我們將 1956 年元月至 1997 年年底的 42 年間，以標準普爾 500 指數計算的月平均股票收益率，列表如下：

一月	二月	三月	四月	五月	六月	七月	八月	九月	十月	十一月	十二月
1.95%	0.54%	1.23%	1.57%	0.53%	0.43%	1.22%	0.72%	-0.40%	0.79%	1.66%	1.82%

警告：這個表是不會幫助你在股票市場上發財的！千萬不要以為聖誕老人出現的十二月份是買進的好月份。

123. 「如果你賭馬，那純粹是賭博。如果你賭可以達成三黑桃合約，那是橋牌消遣。如果你賭棉花期貨上漲三元，這便是投資。」

—威廉姆・施孟德

"If you bet a horse, that's gambling. If you bet you can make three spades, that's entertainment. If you bet cotton will go up three points, that's business."

— William Sherrod

〈評論〉
　　華爾街才是全世界最大的賭場。有很多事情在本質上是一樣的，可是我們卻給予不同的解釋。例如：

如果你負債 50 元，你是銀行的拒絕往來戶；

如果你負債 50 萬元，你是個小企業家；

如果你負債 5 億元，你是個大企業家；

如果你負債 500 億，你是政府。

同樣，

如果你吸煙，你是個意志不堅、戒不了菸的弱者；

如果你抽雪茄，你是個會享受生活的強者。

如果……

124.
「後期牛市的發展跟舒芙蕾（Souffle）一樣：體積超過了原料的份量。」

—提姆・寇讓達，股票經紀人

" A bull market, in its late phase, behaves like a souffle: its volume exceeds the measure of its ingredients."

Tim Koranda, stock broker

〈評論〉

舒芙蕾是一種飯後的布丁類甜品，經過烤箱烘焙後，外表膨脹得很厲害，看起來好像是一份極豐富的點心。其實，戳破外表後才發現裡面大部分是空的。中國的芝麻球也類似，材料的份量不多，炸完之後體積卻膨脹的很厲害。

　　牛市的初期多半是由績優股領軍。早在漲勢初期時，投資機構便開始逐步購入看好的績優股，推動股價節節上升。等到績優股漲到一個程度後，便轉由其他類型股票上漲。如果那些莫名其妙，沒有多少真材實料的小股票價格也開始像芝麻球般膨脹了起來，牛市可能也到了尾聲，想進場的投資人需更加謹慎。

125.

「股市的信息極像一個女人。沒有時時刻刻，日復一日的承諾，只有出人意料的發展；經常令你失望，可是偶爾又令人無法置信地充滿熱情。」

—瓦特・蓋特門

"There is nothing like the ticker tape except a woman-nothing that promises hour after hour, day after day, such sudden developments, nothing that disappoints so often or occasionally fulfills with such unbelievable passionate magnificence."

— Walter Knowleton Gutman

〈評論〉

　　定期存款就像個老女人，暮氣沉沉；債券就像半老徐娘，需要細細地品味；股票就像女朋友，令人又愛又恨。

126.

（問：未來股市的走向如何？）

「股票市場將持續地震盪。」

—摩根證券

"The stock market will continue to fluctuate."

— J. P. Morgan

〈評論〉

　　摩根證券的回答好似道盡了股市的風險，又好似什麼也沒說，可是一般人看到這個回答的反應都是大笑。摩根證券巧妙地避免了正面回答一個尷尬的問題，純粹是一流的外交辭令。我想摩根證券要說的是：「我們提出的僅是基本的看法，至於更具體的投資策略，請打這個電話 1-800-stock-pic。」

第十六章

投資入門

成為一個真正的投資人，
第一個而且是最中心的挑戰
是「了解自己」。

Beginners Guide

127.

「您先開始買公認是好公司的股票、製造大家都在用的商品的公司股票；買生產大量消費品公司的股票：百事可樂、微軟、GAP、迪士尼。這只是股票投資的起點，也是我們所知最好的起點。」

——大衛與湯姆‧嘉納

"You start buying what everyone knows to be great, products that everyone uses; buying the mass-consumer business : Pepsi,

Microsoft, GAP, Disney ……, This is just a starting point, but it's the best we know."

—— David and Tom Gardner

〈評論〉

公司有前途，股票才有前途。對一個生產消費性產品或服務的企業，我們應該關心：

①公司是否建立了品牌？

②公司是否是產業的領導？

③消費者是否習慣性的購買公司的產品？

④公司的利潤率是否夠高？

⑤公司的成長是來自於融資，還是利潤？

⑥目前公司的前途是否光明？

您會發覺現能通過這 6 個考驗的企業真是寥寥無幾，這些企業應該是您投資股票的起點。

128.

「成為一個真正的投資人，首要而且最重要的挑戰是「了解自己」，如果你不了解自己，在股票市場認識自己得付出昂貴的代價。」

—傑生·齊威格

"To be a truly successful lifetime investor. The first and central challenge is to " know yourself". If you don't know who you are, the stock market is an expensive place to find out！"

— Jason Zweig

〈評論〉

如果您認為非常了解自己，股票市場會讓你再認識自己是下列那一種人：

· 大格局的人？還是小鼻子小眼睛的人？

· 驚惶失措的人？還是沉著穩健的人？

· 人云亦云的人？還是很有主見的人？

· 硬撐到底的人？還是靈活變通的人？

· 優柔寡斷的人？還是當機立斷的人？

以下的股市性向測驗，請圈選你比較認同的看法：

（1）a: 如果我要成位一個有紀律的投資人，我必須前後一貫的執行既定的投資策略。

b: 如果我執行既定的投資策略，我將無法迅速的反應股市的變化。

（2）a: 不貪心，不要想靠股市來發財，但是要立於不敗之地。

b: 天氣有晴有雨，輸錢是股市投資常有的事。

（3）a: 股市投資是件極有趣的事，我知道我能獲勝。

b: 股市投資是件很嚴肅的事，我必須戰戰兢兢才能獲勝。

股市的贏家通常具有（1）a（2）b 和（3）a 的想法。您的答案是什麼？

129.

「容我建議三個原則：（1）投資人的行爲要一貫地像投資人，而不是投機客；（2）對任何一項股票投資，投資人應該有一套買進策略的賣出計畫；（3）最後，投資人應該保持資產組合至少有一定比例在股票上，同時也至少要有一定比例在類似債券的資產上。」

—班傑明・葛拉漢

"Let me suggest three rules: (1) the individual investor should act consistently as an investor not as a speculator.

(2) The investor should have a definite selling policy for all his common stock commitments, corresponding to

his buying techniques. (3) Finally, the investor should always have a minimum percentage of his total portfolio in common stocks, and a minimum percentage in bond equivalent."

— Benjamin Graham

〈評論〉

　投機可以定義為短期的資本冒險，最重要的特徵是你自己心裡要有數。冒險的資金可能會血本無歸，投資則是運用資本來達到長期收益與利潤的目的，運用的原則著重於基本分析，鮮少關心短期的價格波動。

　賣出股票的決策本來就比買進困難，在美國上市約一萬支股票裡，若是錯過了買進微軟的時機，您還有其他 9999 支股票可供考慮，總是有很大的機會找到有潛力的股票。可是當您買進之後，就只應下賣與不賣兩個選擇。如果您買股票時沒有策略，就只有靠丟銅板來決定賣出與否了。

130.「如果有一本專門記載人們經常做錯的事，投資必定是第一名，緊接在後的是貼壁紙。」

—無名氏

"If there is a book of things people often do wrong than right. Investing must cerainly top the list, followed closely by wallpapering."

— Anonymous

〈評論〉

　　由於人工太昂貴的原因，美國家庭經常動手自己貼壁紙、粉刷牆壁。貼壁紙搞砸了時的那份懊惱，非親身經歷的人無法體會。想像一下，當你眼中看到的全是一大片又一大片的錯誤時的那份無力的挫折感。

　　股票投資錯誤也是常事，手中持有不爭氣的股票，看著一大疊一大疊的股票證券，真恨不得把它們當壁紙貼上洩恨。

131.

「沒有人能教你股市投資的耐性，在這方面你只能自己學習。」

—威廉・恩，《交易法則》一書作者

"No one can teach you patience in the markets. You are your own teacher in this regard."

— William Eng., Author of "Trading Rules"

〈評論〉

　　相信所有的投資人都有賣掉手中獲利的股票後，眼睜睜看它繼續一路上漲的體驗。只有過多次的懊惱之後，才能體會耐性的重要。恩先生並不是建議您培養忍耐的美德，愚昧無知的忍耐可能比短線投機還糟。真正的股市投資耐性是有知識，有策略的等待。

132.

「身為一個投資新手，你應該避免最投機的市場，例如低價股票、期貨與外國市場，因為這些市場的風險與波動性極大。」

——威廉・歐尼爾，《每日投資新聞》創辦人

"Being a new investor, you shoule avoid the most speculative areas, such as low-priced stocks, futures, and foreign markets because of their risk and volatility."

— William O' neil, Founder of Investor's Business Daily

〈評論〉

　　股市新手最好不要的習慣之一，就是偏愛價格低的小股票。他寧願用３０００元買３００股１０元的股票，也不會買５０股６０元的股票。在低價股票的市場，由於投資人都持有為數不少的股票，只要股價稍稍上漲個一角、二角，隨之而來便是趕緊獲利了結的沉重

賣壓，結果是股價再度回到低價位徘徊。這也為什麼多數小股票都是扶不起的阿斗。

當然，微軟和昇陽這些當今科技股的龍頭，也都是從低價股爬升到今天的地位，但是您不會知道哪一支是未來的微軟、昇陽，低價股展翅高飛的機率幾近於零。在過去４５年中，如果我們考慮所有曾經至少翻二番以上的股票，它們在展翅高飛之前的平均價格是每股２８元。「便宜沒好貨」也適用於股票市場，選一檔低價的股票研究一下，它為什麼低價顯然有其原因。

133.

「剛入門的投資人應該了解的十件事：

（1）共同基金

（2）股票

（3）債券

（4）追蹤投資效益的重要性

（5）股市消息面的好壞

（6）自己的投資習性

（7）股票的波動性

（8）公司盈餘估計的重要性

（9）公司管理階層變動的影響

（10）熱門的商品。」

——丹尼・摩里奧與崔希・龍格，《金融信息入門》作者

"Ten things you must know as a beginning investor: (1) mutual fund (2) stocks (3) bonds (4) tracking (5) good and bad newa (6) investment habits (7) volatility (8) earning eatimates (9) changing of the guard, and (10) hot products."

— Daniel Moreau & Tracey Longo, authors of "Getting Started in Financila Information"

〈評論〉

　　如果要深入研究，以上的每件事都可以是專門的學問。這兒提示的是：投資人應當具備獨立吸收金融信息的能力。

134.

「十個最平常的投資錯誤是：

（1）選購自己根本不了解的公司股票

（2）太注重短期的投資績效

（3）持續性的對股市感到悲觀

（4）相信財經報導都是專家的意見

（5）過分關心股價的變動

（6）買進每股低於 5 元的小股票

（7）不追蹤自己投資的收益

（8）不採取投資多樣化的策略

（9）不上網閱讀有關的企業動態

（10）耗太多的時間在股市研究

—大衛與湯姆‧嘉納，笨蛋小丑

The 10 most common investing mistakes;

（1）*Buying what you don't know*

（2）*Focusing on your short-term performance*

（3）*Finding yourself becoming enduringly bearish*

（4）*Believing the financial press is expert*

（5）*Concentrating your attention on stock price*

（6）*Buying stocks under $5 a share*

（7）*Not tracking your investment returns*

（8）*Not diversifying your postfolio*

（9）*Not being on line*

（10）*Spending far too much time on investing*

—David and Tom Gardner, Motley Fool's

〈評論〉

投資不在於竭盡思慮地擬訂正確的決策，如能以避免錯誤為起點，絕對是贏面機率大。

第十七章
投資心理

我的投資策略是由兩個經驗演化而來的：

第一是賭城拉斯維加斯；

第二個是心理學。

Investment Psychology

135.

「當投資人有了不實際的預期心理，就會鑄下最大的錯誤，而最危險的莫過於把預期建立在美國股市近來的景氣上。」

——蓋瑞‧布林森，瑞士聯合銀行－布林森投資管理公司資訊長

"Investors make the biggest mistakes when they have unrealistic expectations. And nothing is more dangerous than basing expectations on recent turns in the U.S. stock market."

— Gary Brinson, CIO, UBS-Brinson

〈評論〉

美國股市長達八年的牛市，早已嚴重地誤導投資人的預期。列舉幾項非常不實際的預期心理：

（1）股市回檔只是短期盤整修正的現象，終究會再回歸到長期的牛市趨勢。回檔休息只是為了讓牛走更遠的路，蠻牛衝勁十足，小熊繼續冬眠。

（2）科技股市股票是投資致富的首選。科技股、網路股的股價非常合理，傳統的資本定價理論在「新經濟」的架構下全不適用。科技股萬歲！

（3）每年收益率在 20% ～ 25% 之間是應當的事，財富在三年之內翻一番，小事一件不足為奇。

（4）聯儲會主席葛林史班先生可以解決任何經濟難題，他可以拯救股市危機。葛林史班是超人先生。

以今天事後的觀點來看，這些預期的心理有多荒謬！

136.

「在下列兩個情況中，你比較喜歡哪一個？」

（A）股票大幅上漲，然後在數年內一直維持在高價位。

（B）股票大幅下跌，然後在數年內一直維持在低價位。

— 傑生・齊威格

"Which would you prefer?（A）Stocks go up by quite a lot and stay up for many years.（B）Stocks go down by quite a lot and stay down for many years."

— Jason Zweig

〈評論〉

　　如果你選擇（A），您就是 90% 投資人中的一個。選（A）的投資人基本上是處於隨時要賣股票的心理；選（B）的人則處於想買股票的心理。這個問題當然沒有標準答案，但是這麼多選（A）的投資人也應該了解為什麼選（B）也有道理。

　　假定一個酪農一年前以一萬元購買了一條乳牛，乳牛每天產牛奶 10 公斤，酪農靠出售牛奶獲取利潤。如果乳牛的價格大幅下跌，由一年前的一萬元跌到六千元，原來投資一萬元才可以產出 10 公斤的牛奶，現在若再買一頭乳牛，用一萬六便可以產出 20 公斤的牛奶，或者說平均每 10 公斤的牛奶所需的投資金額由一年前的一萬元降至八千元，酪農當然十分樂意見到乳牛的價格下跌。

更好的是乳牛的價格長期維持在低價位，酪農有多的機會擴充牛奶的產量。假如您把前述的「股票」兩字換成「乳牛」，您覺得酪農會喜歡哪一種局面？乳牛就是股票，牛奶就是股利。假定股利不變，股票價格下跌正是買進的好時機。學術上，亦有一種股票定價的模型，便是以股利來計算股票的內在價值。

137. 「在我的投資策略中，最重要的事情之一，就是了解投資大眾是以什麼樣的參考框架來解讀股市。」

——理查·伯恩斯坦，美林證券首席數量策略家

"One of most important things in my investment strategy is to understand the frame of reference with which people are approaching the markets."

— Richard Bernstein, Chief Quantitative Strategist at Merrill Lynch

〈評論〉

這裡所謂參考框架其實就是投資心理，也正是財務行為理論的研究方向。財務行為理論（behavior finance）雖不是學院派的主流，但日漸受到華爾街的重視。其中心思想是：股市投資致勝的關鍵之一，在於

先掌握投資大眾的心理，然後在從中判斷股市的變化。

　　凱因斯爵士大概是第一個了解這個道理的經濟學家，他舉了一個生動有趣的例子。某報舉辦選美有獎活動，讀者由 10 個候選人中投票選出最漂亮的模特兒。如果你圈選的模特兒奪得冠軍，您將獲贈精美禮品，並有機會參加百萬頭獎抽獎活動。

　　圈選您心目中最美的模特兒，顯然不是最佳的獲勝策略。您應該圈選一般人認為最美的模特兒，自己的審美觀點並不重要（令我想起閃亮三姊妹……）。選股票也是如此，您應該挑選一般人都認為好的股票。假如 A 股票目前市值 50 元，在您詳盡地分析研究後計算出 A 股票的內在價值為 70 元。再假定一般投資大眾根本不了解 A 股票的內在美，以致於 A 股價短期內極不看好，請問您買不買 A 股票？

　　很重要的一個關鍵是，您計算出的 70 元內在價值有多正確？如果您天性英明，計算完全無誤，您當然更會買進，因為目前的市價低於內在價值。然而，絕沒有人能真正精確地計算內在價值，所以您的研究分析沒有太大的價值。如果市場都不看好這支股票，您又何必眾人皆醉我獨醒，扮演與市場作對的唐吉訶德呢？

138.

「我認為大部分賭博的背後動機是在於賭博的樂趣。賭徒們雖然想贏錢，但是絕大多數的人縱然輸了，也能在賭博中找到樂趣。在投機這件事上，以我看來，其背後的原動力則是純粹想贏錢的慾望，而不在乎投資本身的樂趣。」

——馬丁・齊威格

"I think the primary motive in back of most gambling is the excitement of it. While gamblers naturally want to win, the majority of them derive pleasure even if they lose. The desire to win, rather than the excitement involved, seems to me to be the compelling force behind speculation."

—— Martin Zweig

〈評論〉

　　看起來股票投資是比賭博還糟的一種行為。有很多人打麻將輸了還其樂融融，但是鮮少有人炒股票輸了錢，仍笑嘻嘻的不在意。道理很明顯，打麻將有參與感，而股票投機沒有。隨時聽信謠言便投入大筆的儲蓄，為的不就是一個貪婪的目的？

　　投資股票要先培養參與感及從獲得樂趣的心態，而不是單純地想致富。如果你能吸收投資訊息，多學習投資理論，多關心國家經濟大事、全球發展的趨勢，你可比在日常生活中平添多少樂趣！三兩好友聚會，大家口沫橫飛，聲震屋瓦地談論股市，豈不樂哉？

　　令人不解的是，只想贏錢的投機客通常是輸多贏少。如果你不能體會投資的樂趣,那就以平常心對待;如果你能享受投資的樂趣,且不論您在股市的戰績如何,你已注定是天生的贏家。

139.

「證券分析無法替任何股票的『適當的價值』奠定計算的通則。股票的價格不是來自於深思熟慮的計算,而是大眾反映的混亂造成的結果。」

—班傑明・葛拉漢與大衛・陶德

"Security Analysis cannot presume to lay down general rules as to the ' proper value ' of any given common stock …….

The prices of common stocks are not carefully thought out computations, but the resultants of a welter of human reactions ."

— Benjamin Graham & David Dodd

〈評論〉

　　葛拉漢與陶德享有現代證券分析之父的美譽,他們在30年代合著的證券分析為今日華爾街的投資策略思想建立了基礎。股票定價的理論模型基本上已被華爾街人士普遍接受，若沒有夏普（William Sharpe）教授的資產定價模型（CAPM），今天的華爾街人士恐怕還是在胡言亂語，不知所云。

後來的羅斯教授（Steven Ross）的套利定價模型（APT）更將資產定價的理論向前推進了一大步。其他衍生出來的資產定價模型理論在華爾街，或是在學術界，亦有一定的接受性。這些定價理論模型的觀念雖支配了華爾街的主流思想，但卻未必完全主導華爾街的投資行為。

這些定價理論所導出來的價格是否所謂「適當的價格」當然有商榷的餘地。如果您不相信學術界的定價理論，那您自己必須發展一套計算「適當價值」的方法。任何理論或方法都無法考慮股市裡所有的變數，就這點來說所有的方法模型都是錯誤的，但是有些方法實用，有些則不實用。複雜的方法未必實用，簡單的方法也未必管用。

140. 「我的投資策略是由兩個經驗演化而來的。第一是由賭城拉斯維加斯，從那兒我學會了如何管理金錢；第二個是由心理學，那兒我學會了如何避免情緒化的決策。」

──威廉・克勞斯，太平洋投資管理公司（PIMCO）投資長

"My investment approach evolved from two prongs. The first I took from Las Vegas, where I learned how to manage money. The second prong draws on psychology, which help me eliminate emotions from my investment decisions."

— William Gross, Chief Investment Officer, Pacific Investment Management

Company

〈評論〉

　　太平洋投資管理基金是全美最大的債券基金。總資產高達一千六百五十億美元。克勞斯先生在金融界享有「債券先生」的美譽。在沒有進入基金管理的之前，他常去賭城拉斯維加斯玩 21 點。其實賭博與金融投資有共同之處：需要耐性，自我約束，以及對獲勝機率的客觀評估。一個急躁（沒有耐性）的，輸急了就亂拼（不自我約束），不算牌（不去計算機率）的賭徒怎麼會贏？

　　在金融市場（或賭場）上有四種人：

　　（1）怕輸的人——沒有機率的概念。天下哪有穩賺不賠的投資？這種人千萬不要碰股票。

　　（2）不怕輸的人——完全不自我約束。股價下跌了，馬上加碼攤平，或是死抱著不放。這種人也不適合投資股票。

　　（3）怕贏的人——沒有耐性。股價稍漲便了結利潤而沾沾自喜，到處宣揚。這種人往往贏小輸大。

　　（4）不怕贏的——發財的人。

141.

「許多交易員認為，更多更好的分析能提供他們需要的信心來支持必要的行動，以獲得成功。這就是我們所謂的『交易矛盾』。體會到股市分析無法克服犯錯或賠錢的恐懼時，他們才會發現調合分析與實際的差異，如果不是不可能，也是件非常困難的事。」

－馬克・道格拉斯，《有紀律的交易員》作者

There are many traders who think that more or better analysis is going to give them the confidence they need to what needs to be done to achieve success. It's what I call a trading paradox that most traders find it difficult if not impossible to reconcile, until they realize you can't use analysis to overcome your fear of being wrong or losing money. It just doesn't work."

— Mark Douglas, "The Disciplined Trader"

〈評論〉

　　未來並沒有明顯的跡象。如果您必須進行龐大複雜的分析，或許您的投資策略有極大的缺陷。

142.

「主因是驚慌的心理。主因是大眾的心理，而不是股市瘋狂的高價位……股市下跌有很大部份的原因是心理因素；股市是因為股市心理下跌而下跌。」

—爾文・費雪，耶魯大學經濟系教授

"It was the psychology of panic. It was mob psychology, and it was not, primarily, that price level of the market was unsoundly high......the fall in the market was very largely due to the psychology by which it went down because it went down.

— Irving Fisher, Professor Yale University

〈評論〉

這句話是費雪教授在 1929 年美國股市大崩盤數週前的預測。泡沫的形成是過分樂觀的心理，泡沫的破滅也是因為股市心理的崩潰。高價位的股票真的很像卡通片裡的那隻笨狼。雖不小心衝出了懸崖，只要不往下看，仍然可以在空中指手畫腳地不摔下去。

143.

「真正不尋常的是人們恐懼未來的心理，縱使他們有辦法過好的未來。如果你現在賺很多錢，你仍然恐懼明天是不是也能賺這麼多錢。」

－威廉‧道奇，添惠證券投資策略委員會主席

"What's really unusual is people are afraid of the future even though they have means to do well. Even if you're making a lot of money, you're afraid you're not going to be making a lot of money tomorrow."

－ William Dodge, Chairman of the investment policy committee at Dean-Witter

〈評論〉

　　心理學家認為，人們過分憂慮一些發生機率極低的事件，是因為這些事件具有下列的特徵：（1）事件發生的後果具有強大的震撼力；（2）個人缺乏控制事件發生與否的能力；（3）個人沒有經歷過類似事件的經驗；（4）事件發生的方式是突然地震令人措手不及。舉一個例子來輔助說明：乘飛機失事的機率還低於乘汽車，可是有些人非常恐懼乘飛機的風險。

　　在近 100 年的美國股票歷史中，發生股災的客觀機率其實很低。股災也像飛機失事一樣地突然，後果同樣地令人震撼，投資人也缺乏控制股災不讓它發生的能力。其實只要培養正確的投資觀念，沒有必要過分憂慮股災，也沒有必要恐懼未來的投資收益率。

144.「成為一個先知先覺的熊派人士是更糟的事。」

—麥克‧美茲，首席資產組合策略家,，歐本海默證券

"It's worse being a bear when you're right."

— Michael Metz, Chief Portfolio Strategist, Oppenheimer Company

〈評論〉

　　股市繁榮的時候，仍會有少數熊派的人士踽踽而行。他們的悲觀預測免不了要受到媒體的奚落。股市分析的節目裡，總可以見到眾多的牛派人士，群起譏諷勢單力薄的熊派。熊派人士的日子真是千山萬水我獨行，寂寞得很。一旦有一天，熊市駕到，牛派人士個個銳氣盡喪，熊派人士則大發股難財，頓時成了華爾街的過街老鼠，受盡白眼相待，待遇更差。

　　由於股票下跌的速度遠比上漲要快得多，因為熊市而迅速致富的人只能在家裡偷偷地數鈔票，不敢張揚。想知道熊派人士致富的機會嗎？請看下列幾個有名的「大熊星座」。

　　1932 年的美國熊市：股價下跌了 89%

　　1974 年的香港熊市：股價下跌了 92%

　　1982 年的墨西哥熊市：股價下跌了 73%

　　1986 年的科威特熊市：股價下跌了 98%

　　1990 年的台灣熊市：股價下跌了 80%

　　1990 年的日本熊市：股價下跌了 63%

　　2000 年的美國熊市：股價下跌了 60%

第十八章

股市分析

我不注意股價的短期變動。
如果企業的營運良好，
股價終究會跟進。

Stock Market Analysis
Stock Market Analysis
Stock Market Analysis

145.

「很多成長型的企業在季度終了之前，若發現他們將無法達到預定銷售目標，就開始運作最後時刻的銷售衝刺，結果有一半的季度銷售額都在最後三天以『發生制』的會計基礎入賬。」

— 艾德·凱宏，保德信保險公司量化研究中心主任

「*Each quarter, there are plenty of growth companies that realize they aren't going to make their target, run last-minute sales, and end up getting half of their sales for the quarter in the last three days on accruals.*」

— Ed Keon, Director of quantitative research, Prudential Securities

〈評論〉

在現行「發生制」的會計基礎下，非現金銷售也計入當季度銷售額中，因而產生了一些可以讓企業扭曲盈餘報告的空間。盈餘報告除了看數字外，還得看盈餘的品質，現金銷售佔總銷售額的比例是一個關鍵指標。微軟的本益比為 60 左右，幾乎是普爾指數本益比的兩倍。但是微軟的現金銷售比例約為 2／3，而一般大企業的比例平均才 2／5。以此看來微軟的盈餘品質極高。

沒有充分的現金流量，無法支持企業持續性的成長。扭曲盈餘報告雖能矇騙一時，終究要出現成長衰退的問題。投資人必須明察每股盈餘的成長是否與每股現金流量的成長的匹配。另外，還須注意應收帳款的增加率相對於銷售額成長率是否太高。

146.

「風險管理的重點在於探討在百分之一的情況下會有什麼後果。」

－理查‧菲利克斯，摩根‧史坦利首席信用師

"Risk Management is asking what might happen the other 1% of the time."

— Richard Felix, Chief Credit officer at Morgan Stanly

〈評論〉

　　量化投資的風險有許多不同的方法，但若要探討在百分之一情況下的風險，風險值（value at risk）是最適切的信息。在正常的情況下（例如沒有突發的天災、戰爭等），所謂風險值就是在既定的信賴水準下最大的預期損失。簡單地說，風險值就是投資人可能會遇到的最壞局面。

　　當我們說在 99% 的信賴水準下，風險值為 3 千萬，那就是說投資人的損失不超過 3 千萬的概率為99%；或者是投資的損失超過 3 千萬的概率是 1%。風險值總結了投資人所面對的最大潛在風險。如果最壞的情況真的發生了，而您若自忖無法承受這樣的損失，立即調整投資策略直到一個可接受的風險值水準為止。

147.

「股價變化的波動性是人們正在重新評估的暗示，所以投資人都有一個通則；如有懷疑趕緊追隨別人。」

—羅伯特・席勒，耶魯大學經濟系教授

"Volatility is a clue that other people are reevaluating, and so investors have a rule of thumb: when in doubt, imitate others."

— Robert Shiller, Professor, Yale University

〈評論〉

　　股價變化的波動性在學術界上有精確的定義。研究股票的收益率亦可由波動性著手，因為收益率與波動性有密切的正向關係。能掌握了波動性幾乎也等於搞清楚了股票收益率。

　　一個簡易的學術性指標是：以當日最高價與最低價的差距來衡量股價變化的波動性。這個指標對個別股票或是股市指數都適用。股價總結了投資人對未來的觀點。波動性越大表示投資人的意見越分歧。為什麼股市一時找不到投資人的共識一定是有原因的。在股市震盪不已的時候您也許應該追隨市場，重新評估未來。

148.

「股市在轉折點的時刻是短期波動最劇烈的時候,當市場趨勢確立之後,波動性逐漸減弱。」

—喬治·索羅斯

"Short-term volatility is greatest at turning points and diminishing as a trend becomes established."

— George Soros

〈評論〉

　　整個股市可以說是訊息驅動的價格系統。舉凡總體經濟面、產業面與個別公司的訊息都是股價突變與趨勢質變的觸媒。新訊息駕到的時機有些是突發性的(例如波斯灣戰爭、微軟反托拉斯官司敗訴)。有些則是確定性的(例如定時公佈的經濟數據、公司季度的盈餘報告)。但是新訊息對股市的衝擊,必然是個不可預測的隨機變數。我們不能預知微軟會勝訴還是敗訴,也不能預知公司的盈餘是否會符合預期,不能預知勞動市場是否求過於供,等等。我們也不知道股市對新訊息的反應如何。當股市疲軟的時候,原來微不足道的訊息也會令投資人草木皆兵。

　　由於新訊息衝擊的不確定性,股價必然也是不可預測的。波動性則是重要訊息餘波盪漾的結果。或許股市需要一段時間才能解讀消化新訊息的含意,或許股市需要更多有說服力的訊息才能夠知道去向。一旦股市將新訊息納入價格的決定的體系內後，波動性降低，供需決定股價的機能抬頭，股市就朝新訊息決定的方向前進，到下一波新訊息的到來。

149.

「確定一個優良的企業有三個要訣：（1）一般常識便能理解的營運模式，（2）增長中的利潤率，以及（3）高品質的管理。」

─史考特・休爾徹，Janus 世界基金經理

Tree tips to pick a good company:（1）A common sense business model,（2）improving margins and（3）quality management."

— Scott Schoelzel, Manager of Janus World Funds

〈評論〉

如果您完全不了解生產半導體晶片所需要的機器設備，投資半導體的產業會不會有點盲目？麥當勞的經營模式是否比較容易了解？這麼多可提供投資的股票，選擇您能夠明瞭的企業營運模式，自己才有可能判別股票的趨勢。選擇高科技股票並不見得就能賺錢；投資低科技股的股票也不會失面子。華倫・巴菲特先生投資最豐收的七支股票為；可口可樂、吉利、（Gillette）美國運

通、佛瑞迪‧麥克（Freddie Mac）、富國銀行（Wells Fargo）、迪士尼，以及《華盛頓郵報》，其中沒有一個是科技股。不是不能投資科技股，而是避免投資您不了解的股票。

盈餘！盈餘！盈餘！決定股價的首要因素。對於一個成長中的企業而言，除了銷售額的成長之外，還必須要有漸增的獲利率才能得到投資人的肯定。銷售額成長但利潤降低，可能暗示企業的經營不善，或是面臨強大的市場競爭，或者是成長的潛在機會逐漸消失。

150.

「看看 1980 年 34 檔熱門的成長股，只有一檔——英特爾——仍是贏家；其他的股票，22 檔已經在股市除名。另外 11 檔股票的收益率則低於標準普爾 500 指數。」

——艾倫‧費爾德，博斯坦證券總經理

"Take the 34 leading growth stocks of 1980. Only one of them, Intel, remains a winner. Of the rest, 22 aren't trading anymore. The prices of the other 11 have trailed the S&P 500 Stock average.

— Alan Feld, managing director of Bernsteins

〈評論〉

　　再往前追溯，我們也看到一些盛極一時的績優成長股，他們若不是煙消雲散，就是奄奄一息。著名的例子有：增你智（Zenith）、泛美航空（Pan Am）、全錄（Xerox）、拍立得（Polaroid）。以個別產業佔標準普爾指數的比重來看，更可以觀察到風水輪流轉的滄桑。1990 年底，65 家科技股佔標準普爾指數的比重是 25%，而在 1992 年時科技股的比重只有 7%。能源股在 70 年代獨領風騷，1980 年達到頂峰，佔標準普爾指數 30% 的比重，現在只佔了 6%。消費產品股在 1990 年佔了 20% 的比重，而今天已降至 10%。

　　長期持有是不是投資致勝的保證？如果能有幸長期持有英特爾、微軟，那真是令人羨煞。如果長期持有增你智、泛美航空，哪裡是長期投資？而是長期痛苦。沒有考慮風險分散的長期投資是個美麗的幻覺，更可能是死不願賣掉賠錢股票的自我安慰的藉口。唯一不用腦筋的長期策略是持有指數基金。

151.

「存貨，或是應收帳款的增加，是企業營運失衡的一個跡象，遲早會影響到企業往後的盈餘。」

　　　　　　　　　　－克勞帝亞・莫特，保德信證券小型股研究部經理

An increase in either of inventory or account receivable is a sign that something is out of balance in the companies that is going to impact earnings down the road."

— Claudia Mott, Director of Small-Cap Research, Prudential Securities

〈評論〉

　　分析企業的基本面，不能不看其資產負債表；看資產負債表，不能不關注二個重要的比率：存貨／銷售額，與應收帳款／銷售額的比率。華爾街稱這二個比率為「魚雷比率（Torpedo ratio）」，因為他們能夠快速的讓投資人了解企業成長的概況。如果企業的盈餘符合或是超出預期，但股價反而下跌，原因多半是這兩個魚雷比率爆炸了。對成長股而言，盈餘的提高還得配上優良的魚雷比率才能獲得股市的獎勵。為此之故，華爾街特別關切科技股以及服務業股的魚雷比率（這類企業常沒有實質存貨，所以，應收帳款／銷售額的比率越發重要）。對其他企業而言，例如基本能源股、金融股，魚雷比率所包含的成長信息量較低，投資人不必深究。

152.

「我們怎麼會知道，不正常的繁榮是否已經不合理地抬高了資產的價值，然後變得像日本在過去的十年一樣，苦於意外的長久經濟衰退？」

－艾倫・葛林史班，美國聯邦儲備理事會主席

"How do we know when irrational exuberance has unduly escalated asset values, which then become subject to unexpected and prolonged contractions as they have in Japan over the past decade?"

— Alan Greenspan, Chairman of US Federal Reserve Board

〈評論〉

　　在很多人的眼中，葛林史班先生大概是全世界最有影響力的人。他在 1996 年公開演說時的一段話，引發了美國股市狂洩，然後再擴散到全球股市的重挫。葛林史班先生也不必執行什麼貨幣政策，只要動動嘴，警告股市有「不正常的繁榮」就成了。每次葛林史班公開講話時，華爾街一陣安靜，仔細推敲老先生話裡的含意。身為聯儲銀行的主席，說話必須特別謹慎，葛林史班說的話是出了名的隱晦。

　　2003 年 3 月，葛林史班在參議院金融委員會報告時，再度展示了他說話的威力。他強調，當股價上升的速度高於家庭所得的成長時，「財富效果」便開始作用。財富效果過分刺激消費的結果是通貨膨脹的產生。為此，財富效果必須加以控制。這一番話使得華爾街一陣譁然，葛林史班先生似乎想設定股市上升的速限，不讓它超過家庭所得的成長率。華爾街開始心懷恐懼。一個月之後，在微軟的反托拉斯官司敗訴，和消費者指數漲幅超過預期的催動之下，美國股市在 4 月 14 日經歷了單日最大狂跌的股災──道瓊指數暴跌 618 點，那斯達克狂瀉 355 點，標準普爾指數則重挫 83 點。隨後美國新聞週刊專文再度討論葛林史班先生的財富效果，標題是：「好了！您滿意了？」

153.

「大部分的投資人利用訊息的方式眞是無法令人信賴，一會兒把一檔股票納入投資組合中，而另一會兒又將他剔除，縱然有關這檔股票的訊息根本沒變。」

－詹姆士‧歐沙那希

"The majority of investors, … Use information unreliably, one time including a stock in a portfolio and another time excluding it, even though in each instance the information is the same.」

－ James O' Shaughnessy

〈評論〉

一個令人發暈的鮮明例子。在 2000 年 4 月的股災之前，網路設備最大的製造商思科系統（Cisco System）的股價在 85 元左右的價位，絕大多數證券商都看好思科系統，紛紛給予「積極購買」的評等。之後，思科股價下滑，到了 4 月 14 日股災的當天，以 57 元收盤。你曉得有些大證券商在第二天幹些什麼事嗎？忙著將思科,還有其他過去看好的股票降級!如果思科的股票在85元時應該積極購買,那麼在57元時不更應該瘋狂搶購才是!問題是,有關思科系統的基本面訊息完全沒變,時隔若干天後竟有如此不同的評等。就像歐沙那希先生說的,投資人經常不理性的忽略重要的訊息,並以個人的經驗、情緒,或是猜測、幻想作為決策的基礎。所以,投資人的決策總是侷限在個別股票上,而沒有整體的策略。

舉個例說,假設您獲得下列二項訊息:個別股訊息是A股票潛力雄厚,目前本益比是90,整體訊息是持有高本益比股票的年收益率有70%的機率低於股市表現,您會不會買A股票?大部分的投資人在經過自己「仔細」研究後,若認同「潛力雄厚」的訊息,都會忽略整體的訊息。或許他們說服自己的論調是70%的機率只是個平均值罷了。整體的訊息並不適用於個別的股票。忽略整體訊息就是一種不理性的行為。

不要不信,這種不理性的行為是一種普遍的現象。

當您走入拉斯維加斯的賭城,您會發現有許多人在賭那些獲勝機率低於50%的遊戲。這又是一個忽略整體訊息的例證。不理性的原因是他們已迷失在個別訊息上(譬如說,吃角子老虎有機會可以拉到100萬大獎,押中輪盤的數字可以賠36倍呢!)就好像很多人迷失在A股票潛力雄厚的訊息一樣。

如果您認為要賭就應該賭獲勝機率大的遊戲,為什麼還要買A股票呢?

154.

「你不能僅關注一個企業的創新渠道。要考慮創新的渠道的渠道。對企業成長而言，未來的創新機會比現有的創新機會重要得多。」

—馬丁‧萊伯維茲，TIAA-CREF 基金副董事長兼投資長

"You can't just look at what's in the pipeline at a company. Consider the pipeline's pipeline. Future opportunities are much more important to growth than present ones."

— Martin Leibowitz, Vice-Chairman CIO of TIAA-CREF

〈評論〉

簡單地說，您不能只看到視窗 95、視窗 98，以及在研發中的視窗 2000 就認為微軟的成長潛力雄厚。您還得關注微軟在視窗以外的創新機會。買股票其實買的是企業的未來，而未來是不會披露在當期的會計報表上。一種買股票的正確心態是：買股票就是買企業的一部份，雖然這一部份很小。在這種概念下，與其注視股價的波動，還不如關注企業的現在和未來。另一個小提示是：不要買負債過多企業的股票（企業負債比例最好不要超過 1／3）。如果您不願意借錢給一個負債累累的朋友，那就能了解為什麼不該買有龐大負債的企業股票。

155. 「我不注意股價的短期變動。如果企業的營運良好，股價終究會跟進。」

－華倫・巴菲特

I don't pay attention to what the stock does. If the business does well, the stock eventually follows."

— Warren Buffett

〈評論〉

　　長期來說，基本面決定了股價。或者說，巴菲特是以股票的方式投資一個企業，他更關心的是企業的營運。且不論股市的短期波動，巴菲特先生甚至對某些經濟情勢的短期變化也不甚關切。他曾說：「如果聯儲會的主席葛林史班先生偷偷地對我透露他未來二年內的貨幣政策（利率當然會因而變動），我也不會改變任何一件我現在正在做的事。」

156. 「宣稱股市在修正期等於是假設，目前的狀況已發展到了極端，而我們正將它回歸正軌。」

－羅伯特・索波，赫夫斯屆大學教授

"Saying that something is a correction makes an assumption that conditions have gone to an extreme, and now we are bringing them back in line."

— Professor Robert Sobel, Hofstra University

〈評論〉

　　除非你確知「正常股市」的定義，否則怎能說現在已經不正常？多少專家起初並不看好網路股，每次網路股創新高時他們總是說：「不可能再高了，太不合理了！」結果呢？股市沒有向下修正，而是不斷上揚。

　　從1995年來太多了所謂專家高喊「熊市要來了！道瓊5000點是極限了。」事實是熊市並沒有出現，道瓊早已衝破萬點。在1987年股災一個月之前正確預測（恰巧猜到？）股市將崩盤而名噪一時的加沙瑞里（Elaine Garzarelli）女士多年來也不斷發出熊市、崩盤的警告。現在呢？華爾街早已不知加沙瑞里是何許人也。

　　熊市終於在2000年駕臨，當然又少不了專家們宣稱何時熊市會結束。事實呢？這次是有史以來最長的熊市。

157.

「逆向投資幾乎完全與市場有效論作對，他可能是最有希望擊敗市場的策略。」

－大衛・堀曼，《逆向投資策略》一書作者

"Contrarian investing is almost the direct opposite of the efficient markets, and it offers the best hope of beating the market."

— David Dreman, author of "Contrarian Investment Strategies"

〈評論〉

　　逆向投資的策略專門與一般投資人的預期唱反調。當然，他們不是愚蠢地只是為了唱反調而唱反調，有些觀點還真管用。有些共同基金採取逆向的投資策略，並宣稱收益率比市場高出 2 到 3 個百分點。

　　譬如說，當大部分的專家都看好股市時，這表示股市已到了頂點，向下調整是必然的。假如這些所謂的專家真是專家的話，那顯然他們早已將資金全數投入股市，一個沒有太多閒置資金的股市只有下跌。所以當他們預測的是牛市時，恰是熊市要來了。同樣的，如果專家們都認為熊市到了，那他們早已撤出股市，持有大量的資金在邊線觀望。閒置資金充斥的股市只有上漲的可能。所以當他們預測的是熊市，反而是牛市到了。

　　華爾街有許多研究機構，每個月都會公佈牛派對熊派的比例。假如牛派的比例遠高於熊派，逆向投資人會解讀成熊市的信號。如果熊派的比例高於牛派，則會被認為是牛市的跡象。

158.

「許多持懷疑態度的人，都傾向唾棄類似占星術巫術的圖表分析法；但是圖表分析法在華爾街的明顯重量，促使我們必須採取某種程度的謹慎心態來檢驗他們的主張。」

—班傑明‧葛拉漢，美國股票投資大師

"Many skeptics are inclined to dismiss the whole procedure（chart reading）as akin to astrology or necromancy; but the sheer weight of its importance in Wall Street requires that its pretentious be examined with some degree of care."

— Benjamin Graham

〈評論〉

縱然很多人認為圖表分析法是一項荒謬的方法，使用這種方法的投資人卻越來越多。在積非成是的作用下，圖表分析的價值不容忽視。股市投資的一個重點是「預期其他投資人的行為」。如果其他投資人廣泛地使用圖表分析法，我們沒有必要完全否定它的作用。

有些圖表分析工具或可解釋成供需方面的訊息。舉個例說，前一個股價高峰會被認定為抗阻點（支撐點的解釋可類推）。抗阻點可以解釋成供過於求的現象。假如股價又回升到抗阻點的水準，那麼沒有在上一波高峰賣掉股票的投資人就易於產生「機會不再」急於脫手的心態，進而造成了供給過多的賣壓，股價因而不易突破抗阻點。

　　比較沒有根據的圖表派觀點是：一但股價突破了抗阻點，便會海闊天空持續上漲。事實上，突破抗阻點後再回跌的情況多的是。

159.

「股市技術分析方法，現在不是，將來也永遠不會是一個精準的科學。不論你的技術分析有多好，你仍需要適當劑量的人為判斷來做最後的決定。」

—克提斯‧阿諾，衛思研究中心

"Stock market technique is not, and never will be an exact science. No matter how good your technique, you will still need a healthy dose of human judgment for your final decision."

— Curtis Arnold, Weiss Research, Inc.

〈評論〉

　　技術分析是一項工具，他自己不能作主，您自己才是最後的老闆。技術分析絕不是股市致勝之鑰，僅供參考無妨。如果想靠它做最後決定的依據，結果恐怕是溺麔波濤洶湧的股海中。事實上真正高明的華爾街投資大師，清一色全是基本分析派。

160.

「然而，我知道大多數的投資人不會相信隨機漫步理論的正確性。告訴一個投資人說，擊敗股價指數是沒希望的事，就好像是告訴一個六歲的小孩說，這世上根本沒有聖誕老人一樣，簡直是奪走了他們生命中的活力。」

— 伯頓‧茂基，普林斯頓大學教授

"I recognized, however, that most investors will not be convinced that random-walk theory is valid. Telling an investor there is no hope of beating the averages is like telling a six-year-old there is no Santa Claus. It takes the zing out of life."

— Professor Burton Malkiel, Princeton University

〈評論〉

市場有效論認為股價充分反映了一切有價值的訊息。只要有新的訊息出現，市場幾乎是瞬間反應，股價因而變化，直到調整至均衡價格為止。所以，任何可由股市獲得的訊息早已反映在股價之中。昨天的盈餘報告早已反映在昨天的收盤價中。研讀這些舊訊息（或是過去股價的走勢圖表），不能幫助我們預測明天的股價走向。因此，只有透過預測尚未發生的事件才能掌握市場的動向。然而，未來事件皆是隨機的，不可預測的，以至於市場的未來走勢，就像完全不可預測的隨機漫步。長期持有股票的策略是獲勝的最佳保證，因為股價總會隨經濟成長保持上揚的長期趨勢。

　　茂基教授並沒有說您不可能擊敗股市，而是說您不可能有一套系統性的策略能持續地擊敗股市。您可以偶然地擊敗股市，但是茂基教授認為這不過是運氣罷了。可以理解的是，有過股市豐收經驗的投資人多半拒絕承認這是運氣，而是由於自己英明獨到的策略。要剝奪他們研究股市的激情，打擊他們征服股市的豪氣，的確令人不忍。就像小孩子長大了便不相信有聖誕老人一樣，長時間在股市裡打滾後，才深刻了解到隨機漫步的正確性。

161.

「如果市場總是有效的，那我早就是一個手裡拿著鐵罐在街上乞討的流浪漢了。」

―華倫‧巴菲特

"I'd be a bum on the street with a tin cup if the market were always efficient."

— Warren Buffett

〈評論〉

　　巴菲特先生當然不相信市場有效論。不僅如此，學術界裡也對在七、八○年代被廣泛接受的市場有效論展開挑戰（代表性學者為麻省理工學院的安德魯·劉教授及賓州大學華頓商學院的麥肯利教授）。華爾街裡，投資大師擊敗市場的客觀事實，以及學術界裡嚴謹計量方法的證實，搖動了市場有效論的地位，股市並不是完全的隨機漫步。根據劉教授與麥肯利教授的說法，擊敗股市的原因系來自於分析方法的創新。舉個例來說，第一個發現「元月效果」（中小型股票在元月份大多有極好的表現）的人必定獲得極可觀的收益率。一但這項發現傳開之後，想要靠元月效果來擊敗市場就辦不到了。

　　如果您還是用頭肩圖型、抗阻點、支撐點、平均線、雙重底型圖等老方法，那是沒有希望擊敗股市的。華爾街證券商投入大量的時間、金錢與智慧分析股市資料，挖掘定價偏低的優質股票，尋找市場裡不正常的現象，這些都說明了人類還沒有放棄「征服股市」的念頭（征服股市恐怕是人類史上最令人著迷的課題）。雖然如此，一般投資人因為沒有券商的龐大資源，擊敗股市的機率微乎其微，還是信奉股市有效論比較明智。

　　巴菲特先生除了有獨特的分析法之外，他的長期投資理念，恐怕是為什麼能擊敗股市的關鍵。

162.

「對未來盈餘的預期，仍然是影響股價最重要的因素。能夠準確預測未來的分析師，會獲得豐厚的獎賞。如果他錯了，股價便會急轉直下，這樣的後果不斷上演。這個遊戲的名稱叫做盈餘，將來也是。」

—摘自美國《機構投資者》雜誌

"Expectation of future earning is still the most important factor affecting stock prices. The analyst who can make accurate forecasts of the future will be richly rewarded. If he is wrong, a stock can act precipitously, as has been demonstrated time and time again. Earnings are the name of the game and always will be."

— adapted from "Institutional Investor"

〈評論〉

　　在 1998 年第四季度，52% 的企業盈餘超過了華爾街的預期。這個比例在 1999 年第一季度達到了 70%。在 1994 至 1998 年間，標準普爾指數股的盈餘比華爾街預測高出 2.6%，而 1999 年第一季度更高出了 5.6%。為什麼會有這種持續性低估的現象？原來盈餘的預期真的是一場遊戲。看看企業可以怎麼玩這個遊戲。

　　假設華爾街預期 A 企業下季度的盈餘為每股 0.3 元。A 企業為了製造驚喜，先發佈盈餘警告，說可能只有 0.25 元。股價由 50 元（假設值）應聲掉到 45 元。華爾街紛紛下調盈餘預測為 0.25 元。等到盈餘報告出來後，A 企業公佈為每股 0.28 元，產生了 0.03 的驚喜，A 企業超過華爾街預期的結果是股價上漲到 55 元。還有比這更荒謬的事嗎？太多的所謂「超過預期」都是人為製造的幻象。

另一方面，華爾街分析師預測的能力也不怎麼樣。有些不入流的分析師根本搞不清楚產業或企業真正的現況，哪可能有準確的預測？所以公佈「非常保守」的預期。如果企業公佈的盈餘低於如此保守的預期，股價一天暴跌個 50% 就理所當然了。

第十九章

股市專家

您諮詢的股票專家可能有兩套評鑑系統：
一套是說給您聽的，
另一套是說給大戶聽的。

Stock Market Experts

Stock Market Experts
Stock Market Experts

163.

「不要聽信專家的話！20 年來在股市的經驗使我深信，任何一個正常人只要用平常百分之三的腦子來選股，就能夠做得和一般的華爾街專家——如果不是更好，至少一樣好。」

—彼德·林區

"Stop listening to professionals! Twenty years in this business convinces me that any normal person using the customary three percent of the brain can pick stocks just as well, if not better, than the average Wall Street expert."

— Peter Lynch

〈評論〉

　　林區先生從 1977 年起擔任富達麥哲倫基金的經理達 18 年，在華爾街聲譽卓著，是個家喻戶曉的投資大師。林區先生認為投資人應多運用常識來選股，不要買自己不了解的企業的股票。他以自己的經驗為例，林區先生覺得唐老爹甜甜圈（Dunkin Donuts）的咖啡煮得特別好，甜甜圈亦有特色，所以就買了唐老爹甜甜圈的股票。他買了拉金達汽車旅館（La Quinta Inns）的股票，是因為他在假日酒店服務的朋友告訴他拉金達汽車旅館會崛起。他買富豪汽車（Volvo）的股票是因為很多朋友都開富豪的車。他買了美腿絲襪的股票（L'eggs）是因為他老婆上超市買菜時竟然發現有美腿絲襪的零售點（早期，買絲襪得到百貨公司，超市是買不到的）。

沒有必要捨近求遠，多利用您週遭的訊息來選股，就有可能挑到贏家股票。

164.

「當『專家』在媒體上推薦股票時，『無知投資人的干擾交易』引發了不正常收益與交易量。聽信專家的投資人，在持有股票的六個月內，平均損失了 3.8%。」

— 梁兵，凱斯西儲大學教授

"When 'experts' recommend a stock in the media, the resulting abnormal returns and trading volumes are driven by 'noise trading from naive investors'. And on average, investors following the recommendation lose 3.8% over a six-month holding period."

— Bing Liang, Professor of Finance at Case Western Reserve

〈評論〉

華爾街證券商在媒體上炒作股票的方式真是經濟實惠。支付三四千美元給電視台，就可以推出一位「專家」在頻道上推薦看好的股票。視推薦人的知名度而定，被推薦的股票可以在短短的一個小時內飆漲一倍。等到無知的散戶進場得差不多時，伺機而動的第一線交易員便開始賣空，兩頭通吃。想搭順風車的散戶通常本來也沒什麼策略可言，所以心動之下，馬上行動，夢想從媒體推薦的明牌來實現短期利潤的結果通常是遍體鱗傷、悔不當初。是不是所有在媒體上出現的專家都有陰謀？您覺得，他們單純是為了嘉惠投資大眾、免費提供研究心得的機率有多大？

1999 年華爾街證券商的廣告費成長了 95%，達到 12 億美元。藉電視、報章雜誌、網路推薦股票顯見有龐大的利益。另外，媒體上推薦購買與賣出的比例為 10 比 1。股市對大證券商的推薦與評等通常是如斯響應。這些消息的發佈確製造了短期獲利的機會。如果您只是業餘的散戶，奉勸還是不要太衝動。

165.

「你諮詢的股票專家可能有兩套評鑑系統：一套是說給你聽的，另一套是說給大戶聽的。」

－無名氏

"The experts you are taking advice from may have a two-tiered rating system; One for you and one for the big boys."

－ Anonymous

〈評論〉

　　在投資的行業裡，分析師是最沒有法令規範的一群。分析師的評鑑等級與股票的市場表現經常有極大的差距。一位不願透露姓名的分析師（他怎麼敢？）對商業周刊表示：「為了平息企業界的不滿，我只好維持『推薦購買』的評鑑。但是為了維持我的聲譽，我會告訴大戶們趕緊賣掉。」我們不知道有多少分析師在做這種違反職業道德的事。公佈一種股票評鑑，卻私下告訴一小部分大戶投資人另外一種？如果您是一位散戶小投資人，千萬莫完全聽信分析師的話。您只能碰運氣，希望您的經紀人或是分析師是位有職業道德的正直人士。

166.「股票經紀人幹的事就是：拿了你所有的錢去投資，直到賠光為止。」

—伍迪・艾倫，美國演員

"A stockbroker is someone who takes all your money and invests it until it's gone."

— Woody Allen, American actor

〈評論〉

　　第一聯合證券對旗下股票的經紀人的訓練是這樣的：

（1）如果客戶要求研究報告時，你便說：「當哥倫布出發尋找美洲時，他也沒有任何研究報告。」

（2）如果客戶說：「我得回家跟老婆商量一下。」你說:「得了吧！我不相信你日常的每一個決策都得跟老婆商量。」

（3）如果客戶說：「我今天沒有心情買股票。」你說：「如果今天有一位六呎的金髮美眉陪我來，你的心情會好一些嗎？」

真正的重點是：股票經紀人的自身利益，與投資人的利益不見得一致。

167.

「如果這些所謂的股票專家真是專家的話，他們應該買股票而不是賣投資指南了。」

——諾曼・奧古斯汀，洛克希德・馬丁公司執行長

"If the stock market experts were so expert, they would be buying stocks, not selling advice ."

— Norman Augustine, CEO, Lockheed Martin

〈評論〉

華倫・巴菲特先生對此也深有同感。他說：「我從不跟經紀人或分析師打交道，只有在華爾街才看得到，乘坐勞斯萊斯轎車上班的人，居然會去聽搭地鐵上班的人的意見。」

168.

「華爾街裡的確有些正直的人士。但是在那兒工作多年後，我可以跟你保證，無論那些大證券商怎麼說，他們的建議多少會受到其他事項的影響。」

——約翰‧麥卡希爾，肯特威爾公司

"There are plenty of ethical guys on Wall Street. But having from the big securities dealers is influenced by other agendas."

— John McCahill, Cantwell & Company

〈評論〉

　　就以承銷首次公開發行股票的證券商來說吧！準備上市的公司與承銷商簽訂一份承銷協議書，內容主要有四大部分：上市價格、承銷折扣、募集資本額，以及交割日期。承銷的證券商協助準備上市的公司，處理證管會的規定，並買下該公司所有的股票，然後脫手給一般投資大眾。

　　承銷的利潤在哪兒？當然在承銷折扣上！這個折扣可由 1% 到 25% 不等。有時候承銷商亦可獲得認購期權（warrant）的獎勵。如果上市當日收盤價高於上市價，承銷商亦可執行認購期權獲得另一筆利潤。又比如說上市價格為 20 元，如果承銷折扣為 10%，則承銷商由準備上市公司買入的成本價為 18 元。

　　短短篇幅當然無法詳述承銷證券的內容，但是以上的簡述足以讓我們認清大證券商的利益所在。如果承銷小公司的股票，承銷折扣會因風險而提高，為了要將手上的股票脫手，不用深思也猜得到他們給你的建議是正面的多。

169.

「現行的股票評等制度內，存在著夠大的偏差，所以投資人真的應該對股票評等持懷疑態度。」

—路易斯·湯普遜，全國投資人關係機構執行長

"There is enough bias in the stock rating system that investors really ought to be skeptical."

— Louis Thompson, CEO of National Investor Relation Institute

〈評論〉

截至 2000 年 5 月 1 日，第一手財務信息公司總計發佈了 2 萬 8 千個股票評等。其中有 73.9% 的評等屬於「購買」或是「大力購買」的等級；只有不到 1% 的評等是「賣出」。

評等之所以一面倒，有部分是因為分析師挑選他們認為值得評等的股票（誰願意花這麼多時間去分析報導一只爛股票？）。但是華爾街的觀察家認為，股票評等

的確有嚴重的人為誤差現象。分析師會被證券商告誡不准給予太低的等級，為的是與重要企業維持良好投資關係。分析師所以會乖乖聽話還不是因為錢！大部分的證券商，對旗下分析師的報酬都採取獎金的制度。如果因為分析師的評等分析，而促成了大戶與證券商的投資銀行達成協議，分析師會獲得一筆豐厚的獎金。

換句話說，分析師的工作重點是藉股票評等來開拓證券商的投資銀行業務。

結論是：不能輕信分析的股票評等，他們的話一定得打個折扣。如果您想依賴分析的評等報導，先追蹤分析師過去的表現，挑出少數信譽較高的分析師，並排除其他分析師的胡言亂語。

第二十章
共同基金

對大部分的投資人來說，
他們的錢最好是交給共同基金，
而不是交給一個到處買空的瘋子。

Mutual Funds

170.

「投資管理是建立在一個簡單且基本的前提：專業基金經理有能力擊敗市場。但看起來，這似乎是個錯誤的前提。最終的結果常是決定在誰輸的最少，而不是誰贏的最多。基金管理已經由贏家的遊戲蛻變成輸家的遊戲。」

—查爾斯・艾利斯，格林威治研究中心創辦人

"The investment management business is built on a simple and basic remise; professional managers can beat the market. That premise appears to be false. The ultimate outcome is determined by who can lose the fewest points. Not who can win the most. Money management has been transformed from Winner's game to Loser's game."

— Charles Ellis, founder of Greenwich Research Associates

〈評論〉

　　我們來檢驗共同基金的收益率成績單，從1994年5月到1999年5月的5年間，不到2%的大型股票基金（well diversified fund）超過了標準普爾指數的表現。1999年拜科技股之賜，那斯達克指數飆漲84%，大型股票基金的平均收益率為27.7%，高於標準普爾指數的21%。科技股基金平均收益率為31.2%，但是令人驚異的是所有共同基金的收益率中位數為20.9%。換言之，超過一半的共同基金在股市高

度繁榮的表現，竟然低於標準普爾指數。

　　這些收益率的數據還未經風險係數的調整，如果我們比較夏普比率（sharpe ratio），能夠擊敗標準普爾指數的共同基金，恐怕是鳳毛鱗爪。所以我們不禁要問，共同基金的經理到底在幹什麼？

171.

「絕大多數的美國公司股票，將為被動投資人通過購買指數基金的方式持有，或是被積極投資人的電腦選股程式挑中，因為這些程式會自動搜尋，並購入任何符合預設數量標準的股票。」

　　　　　　　　　　　　——羅伯特‧柯比，資本監管信託公司董事長

"A substantial number of US companies will have an absolute majority of their stock held by passive investors as part of an index fund or by active investors whose stock selection is based on computer program that will purchase any stock meeting predetermined quantitative criteria."

　　　　　　　　　　—— Robert Kirby, Chairman of Capital Guard & Trust

〈評論〉

　　美國一般家庭的金融資產中，股票持有的比例由

10年前的30%，提升到目前的53%，購買股票基金成為普遍的投資方式。98年底，美國三大基金：富達（Fidelity），先鋒（Vanguard）與美國基金（American Funds），總資產高達1兆2千億，大約佔所有共同基金總資產的20%。

指數基金也日漸流行，主要原因是積極管理的基金表現不盡理想。指數基金屬於被動型的投資策略，具有三個特色：

（1）贊成市場有效論，技術面或是基本面分析都不能擊敗市場指數的收益率。

（2）低廉的基金管理費，大約只有基金資產的0.2%，而一般積極管理的基金卻高達1.5%。

（3）極低的交易費用。指數基金由於盯住市場指數的成分股，所以很少需要調整資產組合。因此，每年持有股票的週轉率僅有4%，而積極管理的基金卻高達97%。

172.

「在決定是否投資共同基金之前，如果我們只允許知道有關某一個基金的三件事，那麼你該提出的問題是：這個基金在牛市的表現如何？在熊市的表現又如何？購買基金的成本為何？」

—約翰·克萊許，《如何評等共同基金》作者

"If we were permitted to know only three things about a mutual fund before deciding whether to own it, these are questions you should ask: How well does this fund do in the bull market? How well in bear markets, what does it cost to own?"

— John Clash, author of "How to Rate a Fund"

〈評論〉

　　1980 年，全美計有 564 個共同基金，資產總額為 1 千 3 百 50 億。到 1994 年，增長到 5371 個共同基金資，產總額高達 1 兆 2 千億。如何從這麼多令人眼花撩亂的共同基金裡挑選出可靠的投資，克萊許先生提出 3 個重要的問題參考。耐人尋味的是，一般的共同基金廣告裡，絕大多數都不告訴我們這三個問題的答案。

　　（1）牛市的表現——共同基金公佈的收益率可能是一個誤導投資人的數字，我們應該追問其他有關的問題：這是扣除管理費的淨收益率嗎？經過風險係數調整後的收益率為何（風險與收益率本就成正比，光看收益率是不夠的）？

　　（2）熊市的表現——共同基金鮮有公佈熊市表現的數字。由於美國股市經歷了長期的牛市，僅僅是公佈三到五年的表現是不夠的。他們當然不會公佈下列的事實：在 1978 ～ 1990 年間的 6 個熊市裡，標準普爾指數損失 15.12％，而非指數的平均基金損失為 17.04％。當然也有些基金公佈自創立以來的對等年收益率（複合收益率是一項極好用的數字魔術）。但是對關心熊市表現的投資者來說，這仍然是一項魚目混珠的數字。

（3）購買基金的成本——基金是否公佈了管理費的比例？第一次購買有無銷售費用？短期內想退出基金，贖回投資股份是否有其他額外費用？1998年9月美國參院開會探討一個問題：投資人是否正確了解購買基金的成本？如何以更好的方法將費用的訊息讓投資人知曉。

目前法令還沒有規定共同基金必須提供什麼樣的資料給予投資大眾，您還是得靠自己多作功課，多收集資料，才能挑出最適合自己的共同基金。這跟選老婆（老公）一樣，如果您一開始就選對了，那就不必再來一次。

173.

「最終來說，投資人能做的最危險的一件事就是購買指數基金。」

—肯尼士‧希伯納，CGM資本發展基金經理

"Ultimately, the most dangerous thing a human being can do is buy an index fund."

— Ken Heebner, CGM Capital Development Fund

〈評論〉

指數基金形成的背景是市場有效論的信念。如果透過選股從事積極性的資產管理，不能持續性的超過市場表，那不如採用與市場指數相同的資產組合。先鋒基金總裁約翰·博格爾（John Bogle, Vanguard Fund）在1974年首創模擬標準普爾500指數的指數基金。客觀資料確實顯示，消極性的指數基金優於許多積極管理的基金。1995～1999年間94%的非指數基金，其收益率低於先鋒500指數基金；1995～1999年間，93%的非指數基金不如先鋒500；1999年則有80%的非指數基金落後先鋒500。

然而，博格爾先生卻語重心長的警告投資人：雖然指數基金日趨流行，近年來的收益率亦相當可觀，但是先鋒500以及其他類似的指數基金並不適合一般的投資人，因為指數基金過份的集中在大企業的股票。再以一個數據強調柏格利先生的警告：1999年，標準普爾指數上漲的比例有75%來自於10檔大型股票。另一個數據會讓您更清楚大型股支配股市的狀況，英特爾、微軟與思科三家大型企業占那斯達克指數的比重為22%。

指數基金根本就是一個以大型股票為主，並與市場風險相當的資產組合。您能承受整體市場的風險嗎？（1987年10月的股災，五千億美元的資產在一夜之間消失，2000年4月14日的股災有一兆二千億的財富在一天消失）另外一個問題是：近年來確實是大型股領軍的牛市，如果風水輪流轉轉變成中小型股表現的時候，指數基金還能有風光的收益率嗎？

174.

「我當然希望能鼓吹大眾應該投資在避險基金。但是我認為，對大部分的投資人來說，他們的錢最好是交給共同基金，而不是交給一個到處賣空的瘋子。」

——詹姆士‧克拉瑪，避險基金經理

"I sure wish I could tell you that the public should be in hedge funds. But I think it's better for most people to have their money in mutual funds than with some crazy man who's running around shorting everything in sight."

— James Cramer, hedge-fund manager

〈評論〉

　　避險基金想要達成的目標是：不論股市的興衰，年年賺錢。避險基金不預測股市未來的走向（管他是牛市還是熊市），更不分析個別股的基本面（天曉得一支股票的內在價格）。資產組合的選擇完全中立。避險基金的經理睜大眼睛，密切注意金融市場短期定價的錯誤。

　　舉個簡例：Ａ公司股票現值 10 元一股，可是Ａ公司發行的「5% 利率可轉換公司債券」在市場上亦值 10 元，這顯然是一個短期定價錯誤，二個金融市場的不一致性製造了無風險的套利機會。藉著賣空股票，買進可轉換的公司債券，不管市場怎麼變，鈔票穩當的落入口袋。這種無風險的套利機會的確不常有，但卻可說明避險基金的運作方向。

避險基金經理艾德索普說：「我們每天大約從事 3 千筆交易，數量達 450 萬股。買進市場定價偏低，賣空市場定價偏高的股票。控制大約等量的買進與賣空金額。」當然會買進錯誤的股票（價格下跌），也會錯誤地賣空股票（價格上漲），但是每天買進 300 股，賣空 300 股，只要對的機率高於 50%，就有利可圖了。

雖然每天的利潤率極低（佣金、手續費甚高之故），若能達到 0.1% 收益率就算是績效良好了。

通常避險基金 Beta 在 0.1 左右，而指數基金 Beta 當然在 1 左右。其實很多所謂的避險基金，根本沒有避險的策略，看看他們的 Beta 係數就知道了。

175.

「我發現最出色的基金經理都有一個特點：一致性。成功的投資策略最起碼的要求是，具備一套有清晰定義的結構性決策程序，以及明白揭示的投資哲學，作為一致貫徹的依據。」

——詹姆士·歐沙那希，《華爾街致勝秘訣》作者

"I found that one thing uniting the best managers is consistency ...... Successful investing required, at a minimum, a structured decision-making process that can be eas-

ily defined and a stated investment Philosophy that is consistently applied."

— James O'Shaughunessy, author of "What Works on Wall Street"

〈評論〉

一致性的意義在於減少人為的錯誤,特別是在股市動盪的時候,如果不能堅守既定的哲學,很容易會迷失在上下起伏的波濤中,鑄下決策上的錯誤。結構性的決策程序的定義是建立在既定的投資哲學上,舉例說,如果遵循價值投資的哲學,決策程序可以清楚定義為好幾層結構。本益比超過 30 的股票賣出(或是不賣)、 本益比低於 10 的股票自動買進、價銷比大於 2 的不買……等等。

關鍵不在投資哲學的正確與否(既然沒有一套恆常有效的投資哲學,華爾街的主流思想,例如投資價值、逆向投資、成長投資等都有可取之處),而是在投資人是否能一致性貫徹決策程序。最令人擔憂的是見風轉舵。

投資策略的價值,只有在長期一致的運用下才能體現。縱然股市暫時不認可您的策略,這並不代表您是錯的。手上的股票節節上漲,不能證明您是對的;股票下跌更不能證明您的決策錯誤。在股票市場上賺的錢,其實是堅守投資策略的「忍耐費」。

沒有投資決策程序的人不要投資股市,有決策程序但卻又不能堅持一致性的投資人,反而不如完全沒有決策程序的人。

176.

「投資機構如何能奢求超過市場的表現……
當事實上他們自己即是市場？」

—查爾斯·艾利斯，格林威治研究中心創始人

"How can institutional investors hope to outperform the market …… when, in effect, they are the market? "

— Charles Ellis Founder, Greenwich Research' Associates

〈評論〉

　　資產龐大，為數眾多的共同基金其實是股市最具影響力的一群投資人。如果共同基金構成了股市的極大部分，擊敗市場的目標便成了邏輯上的矛盾。股市每一天的變化，幾乎是共同基金操作的結果，祈求共同基金擊敗市場不等於是希望共同基金擊敗自己？

第廿一章
經濟預測

在經濟學界裡有一股羨慕物理學的潮流。
因為在我們的領域裡有九十九個定律，
卻僅能解釋百分之三的經濟現象。

Economic Forecasts

177.

「我認為經濟學家在做預測時,把數字搞得精確到小數點後幾位,只是為了表示他們還有幽默感而已。」

―威廉・賽門,美國前財政部長

"I believe that economists put decimal points in their forecasts to show they have a sense of humor."

-William Simon, US Secretary of Treasury

〈評論〉

經濟成長預測值 8% 與 8.25% 有什麼區別?答案是完全沒有。預測到小數點後幾位,絕不代表精確度的提高。從計量經濟學的觀點來看,預測值的標準差才是重點。耐人尋味的是,搞預測的專家常不公佈預測值的標準差。最不負責任的說法是:「預測值為 8%」;稍微好一些的是說:「預測值在 8% 左右」,可是左多少?右多少?卻始終不說。前述的標準差正是決定左多少,右多少的數值。

預測專家不公佈標準差的原因只有一個:不好意思啦!因為標準差太大了,這麼尷尬的數字怎好見人?如果標準差是 6%,在 8% 預測值上加減 6% 所得到的預測區間是從 2% 到 14%,這還像話嗎?

提不出標準差的預測,本質上就屬於主觀預測,或者說是沒有系統的猜測。

178.

「經濟學家最擅長於在明天解釋爲什麼他昨天預測的現象，在今天沒有發生。」

—依凡・依沙

"An economist is an expert who will know tomorrow why the things he predicted yesterday didn't happen today."

— Evan Esar

〈評論〉

　　愛因斯坦在排隊進入天堂時，遇見三位西裝筆挺的男士，他詢問這三個人的智商。

　　第一個人答道：「190。」

　　「太棒了！我們可以好好討論我的相對論。」

　　第二個人答道：「150。」

　　「好極了！我期盼著與你討論世界和平的遠景。」

　　第三個人答道：「50。」

　　愛因斯坦沉默了一會說：

　　「你對明年經濟增長率的預測是多少？」

　　華爾街最關心的幾個經濟數據是：國内生產毛額（GDP）、消費者物價指數（CPI,有些時候，華爾街關心的重點是除去能源與食物的核心消費者物價指數）、就企業成本指數（ECI）以及商品房開工數量。原因是這些數據乃聯邦儲備銀行公佈，市場操作委員會擬定貨幣政策主要參考數據。

179.

「在經濟學界裡有一股羨慕物理學的潮流。我們非常想有三個能夠解釋百分之九十九物理現象的定律，因為在我們的領域裡，竟有九十九個定律，但卻僅能解釋百分之三的經濟現象。」

——安德魯·劉，麻省理工學院財經教授

"There's a current of Physics envy in economics. We'd love to have three laws that explain 99 percent of all phenomena. But in what we do, there are 99 laws that explain 3 percent."

— Andrew Lo, Professor of Finance, MIT

〈評論〉

在經濟學的理論中，其實絕大多是「假說」，以「定律」為名的理論實在是屈指可數，其中之一是需求定律。需求定律說明了一個淺顯的道理：商品價格與需求量成反向的關係。價格上漲則需求量下跌；反之，價格下跌則需求量增加。但是也有例外，有些商品的價格上漲，其需求量反而會增加，具有這種性質的商品稱為炫耀性商品。

另一個著名的定律是報酬遞減定律，內容是：在固定生產因素雇用量不變的前提下，每單位可變動生產因素所能帶來的產出增量呈遞減的現象。這個定律亦說明了邊際成本或平均成本最終將遞增的現象。報酬遞減定律是否有例外呢？知識或許是不受制於報酬遞減定律的一種生產因素吧。

180.

「前景什麼？我總是教給我的學生一個對大多數經濟問題都管用的答案：得視情況而定。」

——勞倫斯‧邁爾，聯儲委員會委員

"What lies ahead? I always taught my students that here was an answer that worked remarkably well most of the time to interesting questions in economics: I depends."

— Laurence Meyer, Federal Reserve Board Governor

〈評論〉

　　美國前總統杜魯門曾說：「我在尋找一位只有一隻手的經濟學家，一個絕不會在做完經濟報告後又補充說：從另一方面來說……（從另一方面來說的英文是 On the other hand）。杜魯門總統嘲弄經濟學家的報告，經常是用：從另一方面來說（On the one hand），然後又從另一方面來說（On the other hand）。

　　杜魯門的抱怨是沒道理的，經濟幕僚的職責是提供決策者不同的方案及其可能的影響，然後再由決策者決定。如果每次只有一個方案，那麼這個總統也太容易做了。

181.

「財務管理公司幹的事，就是推銷一個黑盒子。預測公司的黑盒子比多數的黑盒子更黑。」

—尤金・法瑪，芝加哥大學金融系教授

"The business of financial management is selling a black box. Prediction company is blacker than most."

— Eugene Fama, Professor of Finance, Chicago University

〈評論〉

　　像共同基金這樣的財務管理公司，當然不可能將他們的黑盒子透明化。因為這不等於暴露了買賣股票的企圖嗎？稍可安慰的是，共同基金每個季度都會向社會大眾公佈持有股票的清單，投資人可以明確的看到共同基金的資產組合（散戶亦可以由多家的共同基金資產組合資料上，找到有參考價值的選股方向。）。

　　預測公司的黑盒子是最黑的，從頭到尾都沒有人知道預測值是怎麼產生的，就好像酸菜的製造過程一樣，您還是不要知道的好。

182.

「在（二次大戰後迄今）五個經濟衰退中，股市（專家）總共做出了9個經濟衰退的預測。」

——保羅・薩繆森，諾貝爾經濟學獎得主

"The stock market has predicted 9 out of tast 5 recessions."

— Paul Samuelson, Nobel Prize Laureate in Economics

〈評論〉

　　統計預測其實不過是有系統的整理我們有限的智慧，與未來的不確定性相比，這點有限的智慧根本是無知。換言之，統計預測也就是整理過後的無知。相對於散漫的無知，科學的統計預測不能不說是一種進步。很多科學的進展不也是有系統的整理出無知，然後再剔除掉不合理的答案。

　　雖然在預測景氣循環上，根據薩繆森教授的看法，經濟學家並沒有交出漂亮的成績單。我們也不必苛責經濟預測，準確預測的形象是可以人為製造的，其中的秘訣就是多預測。預測愈多，猜對的機率就愈大。大力宣傳猜對的預測，悄悄地掩蓋猜錯的。許多「預測專家」不就是這樣闖出名氣的嗎？所以我們一方面尊敬有良心、有科學根據的預測，另一方面也要譴責亂做預測的卜卦無賴。

183.「企圖預測市場時機的基金經理，必須要有大約75%的準確性，才僅足夠和完全不做預測的經理一樣有相當的表現。如果他預測對的次數少於這個標準，那麼他的相對表現將會較差。」

——威廉‧夏普，諾貝爾經濟學獎得主

"A manager who attempts to time the market be right roughly three time out of four, merely to match the overall performance of those competitors who don't. If he is right less often, his relative performance will be inferior."

— Willliam Sharpe, Nobel Prize Laureate in Economics

〈評論〉

統計美國股市歷史上每個月收益率的正負顯示，其中有75%的月份股市上漲，其他25%的月份股市則下跌。換句話說，每次都預測股票上漲的鸚鵡會有75%的準確性。甚至在熊市時，10個月裡面也有三到四個月上漲的月份。喜歡預測股市動向的專家們，如果不能達到75%以上的準確度，應該羞愧轉行。

從事市場時機預測的投資人，非是想要在股市看好時及時進場，或者是在股市低迷時及早撤資。這個如意算盤會因下列兩種情況而希望破滅：錯過了牛市以及龐大的交易費用。目前還沒有一套高準確度的方法，可以用來預測股市的起伏。殘酷的事實是：預測市場時機製造出來的風險，遠遠超過其真正的收益。

184. 「正確預測牛市的能力，比正確預測熊市更重要。投資人預測牛市的準確性若僅有 50%，麼縱然他能夠 100% 的預測熊市，還是不預測也罷。因爲他的平均收益率將小於長期持有的策略。」

——傑斯・蔡與理查・渥爾德，《股票收益》作者

"It is more important to correctly forecast bull markets than bear markets. If the investor has only 50% chance of correctly forecasting bull markets, then he should not practice market timing at all. His average return will be less than that of a buy-and-hold strategy even if he can forecast bear markets perfectly."

— Jess Chua and Richard Woodward, Gains from Stock

〈評論〉

　　打過麻將的人都知道，贏錢若要多，非靠連個霸王莊不可。四圈下來，如果有一莊能連四、連五，其他時

候小心一點，少放砲，結果也一定是贏錢。股市也一樣， 如果在牛市的期間能全程持有股票，不要頻繁出入股市，那就等於是連霸王莊了。試圖預測進場時機的投資人，如果不能準確預測牛市的到來，別人在連莊的時候， 他還在場邊酸溜溜地乾著急呢！

牛市平均長達三年，如果牛市均分成四等份，初期平均漲 42%；中期漲 22%；晚期漲 17%；最末期漲 19%。假如預測錯過了牛市，最兇猛的牛頭漲勢與您無緣， 搞不好連牛身體，牛屁股也沒撈到。連莊若是連到了最末期的牛尾巴，或可且戰且走，避免撞及熊市的初期。

長期持有策略，並不完全是因為上漲的月份與下跌的月份的比例是三比一，最重要的優勢是，您永遠不會錯過連莊的機會。

185.

「關鍵並不在於你對了還是錯了，而是在於當你對的時候你賺多少，當你錯的時候你賠了多少。」

—喬治・索羅斯

"It's not whether you're right or wrong, but how much you make when you're right and how much you lose when you're wrong."

— George Soros

〈評論〉

　　不敢面對這個問題的分析師與預測專家，永遠不配進場操作；與經濟利益無關的紙上預測，沒有實際的價值。換言之，預測的價值必須由經濟利益來認定，絕不是單純統計學上的精確度，或是正確頻率的比較。對一次但錯九次的預測，可以比對九次錯一次的預測更有價值。

第廿二章

投資策略

熱門產業中的強勢股，
肯定要比冷門產業中的強勢股表現優異。
因為前者是搭順風車，
後者卻是逆流而上。

Investment Strategies

186.

「不消說，熱門產業中的強勢股，肯定要比冷門產業中的強勢股表現優異。因為前者是搭順風車，後者卻是逆流而上。」

—約翰・包霖格

"It almost goes without saying that a strong stock in a strong group is going to outperform a strong stock in a weak group. The former is swimming with the tide while the latter goes against it."

— John Bollinger

〈評論〉

　　這句話暗示了一個投資原則：選股票之前，先選產業，選定產業後投資龍頭股。由於資料齊全，投資機構通常先一步判斷出未來的經濟情勢對哪些產業比較有利（例如說，在低利率的情況下，金融、建築產業較吃香）。在認定了熱門產業之後，投資機構便開始累積該產業的龍頭股。

　　由於投資機構購入的數量極大（數百萬股是常事），通常得數個星期才能逐步完成購入計畫。此時龍頭股的價位必已上升，投資機構便轉向購買熱門產業內的第二大股。由於個別產業的股市表現與投資機構持有個別股的比例，均是可獲取的免費資料，散戶可由其中跟進。

　　假設在 1940 年元月份的起始投資為 1000 元，讓我們考慮下列二種投資策略的成果：

A. 假設我們能完全預知當月份道瓊指數的漲跌。上漲時購買指數，下跌時握有現金。

B. 假設完全預知當月份哪一個是熱門產業，並將資金完全投入該產業。

在 1973 年底，A 計畫的終結資產總額是 8 萬 6 千元，在 33 年間成長了 86 倍。B 計畫的終結資產是（請奏樂）……43 億！當然沒有人能預知每個月份的熱門產業，這個假設的例子提示了我們一個股票投資的方向：先選產業，再選股票。

187.
「現在股市上有許多『比誰笨』的股票。笨投資人買這種股票是期望比他更笨的人，會在將來進場抬高價格。我們不打算做這樣的事。」

——約翰‧巴能，MFS 投資管理公司投資長

"Right now there seem to be a lot of greater-fool stocks-investors buy on the hope that some one more foolish than they are will bid them up. We try not to practice that."

—— John Ballen, CIO of MFS investment management

〈評論〉

　　如果您不認為某企業的基本面能夠支持現今的股價，這便是一支「比誰笨」的股票。您可以進場，其動機不是優良的基本面，而是利用一般大眾跟風的投資心理。這種「比誰笨」的股票被炒熱時，我們看不到笨人，短期致富的聰明人比比皆是。基本分析派的專家紛紛跌破眼鏡，頓時成了真正的笨人。有幸搭上順風車的人意氣風發，高唱：股市沒有專家，只有贏家，贏家就是專家。

　　一旦股價繼續下跌後，昨天的聰明人霎時成了笨人。及早跟這檔股票說「再見」的人連道僥倖，或者自許天縱英明，日後他們的孩子要不斷地忍受這一段果敢、英明的事蹟。可是最後一批跟這檔股票說「哈囉」的人就成了最笨的人，日後也會語重心長地告誡孩子：「股票這東西害人不淺，絕對碰不得」，以上便是以「比誰笨」股票為主角的連續劇。

188. 「假如有一支我必須避免的股票，那就是最熱門產業中的最熱門股票……另外一種我絕不去碰的股票，就是那些被推銷成下一個 IBM、下一個麥當勞、下一個英特爾，或是下一個迪士尼的股票。」

—彼得‧林區

"If I could avoid a single stock, it would be the hottest stock in the hottest industry ⋯⋯ Another stock I'd avoid is a stock in a company that's been touted as the next IBM, the next Mcdonald's, the next Intel, or the next Disney, etc."

── Peter Lynch

〈評論〉

　　熱門的股票就是連樓上的老張、隔壁的小趙以及辦公室的同事都知道的股票。簡單的供需道理便足以說明，熱門股的價格早已被哄抬到過高的程度。如果您能在泡沫破滅之前脫手，那還算萬幸。不過您會買這種熱門股票，也說明您恐怕不會有及時脫手的智慧，林區先生建議您還是不碰為妙。

　　至於下一個IBM、下一個英特爾之類的企業都有一個邏輯上的缺陷。如果他們不能超越IBM或是英特爾，只是成為下一個IBM、下一個英特爾，一直活在老大的陰影裡，怎麼會有前途？如果他們能超越IBM或是英特爾，那又怎麼會只是下一個IBM、下一個英特爾而已？您看過比上一集更好的續集電影嗎？

189. 「選擇一些從長期看能有高於平均收益率的股票，長年集中投資這些股票，在短期的市場漩渦裡要有穩定持有的堅毅態度。」

—保羅・蓋提

"Choose a few stocks that are likely produce above-average returns over the long haul, concentrated the bulk of year investment in these stocks, and have fortitude to hold steady during any short-term market gyrations."

— Paul Getty

〈評論〉

　　凱因斯大約是第一個具有集中投資策略概念的經濟學家（也是少數幾個因股票致富的經濟學家）。他的策略並不是採用高度分散風險的原則，而是集中於少數幾個精挑細選的股票。凱因斯受命管理劍橋大學國王學院的校產後，建議成立一個基金，專門投資於股票、外匯與期貨，並提交了一份投資策略報告如下：

　　（1）仔細挑選一些價格相對合理的投資；相對於其潛在的內在價值較低，或是相對於其他投資價值較低的投資。

　　（2）長年穩定持有這類的投資，直到完全實現它們的潛在利益為止，或是直到有充分的證據顯示當初的投資是項錯誤。

　　（3）考慮具有不同風險程度的投資來達到投資平衡

的目標。

下表是凱因斯管理國王學院校產 17 年來的成績單：

	平均收益	最大收益率	最低收益率	標準差
凱因斯	13.2%	-0.5%	56%	21.5%
標準股市	-40.1%	-25%	29.2%	12.4

190.

「我們追尋的成長型企業有 3 種重要的特性。第一是他們所在的市場，企業定位的市場的成長率，一般來說必須超越該產業，或是整個經濟的成長率；第二是企業本身，我們尋找的企業必須是活躍成長的龍頭；第三是財務健全，這些企業必須能夠展示與他們龍頭地位相匹配的收益率。」

—提摩西・米勒，INVESCO 基金資深副總裁

"The types of growth companies that we pursue have 3 important characteristics. The First is the market served.The market these firms participate in general grow at rates in excess of the industry average and/or the general economy. The second is the company. We look for compa-

nies that tend to be leaders in these active growth markets. Finally, we look at financials. The financial returns produced by these companies must validate their leader-ship position."

— Timothy Miller, Senior Vice President of INVESCO

〈評論〉

　三個補充：

　（1）受景氣循環影響較大的市場（機械、製造、化工、汽車等），或是日漸成熟的市場（服裝、煙草、飲料、食物等），都不是想投資成長股的人考慮的對象。

　（2）龍頭企業必須能不斷提高市場佔有率，以及市場准入的門檻。

　（3）高現金流量與健全的收益率是持續成長的財務關鍵。

191.

「價值投資策略，就像色情小說一樣，很難給予一個定義。可是當你看到它的時候卻馬上能認得出來。」

—艾倫・史隆，《新聞週刊》華爾街主編

"Value investing, like pornography, is one of those things that you know when you see, but its hard to define."

— Allan Sloan, Newsweek Wall St. editor

〈評論〉

採用價值策略的投資人偏愛那些不熱門、價格低廉的股票。雖然不能給予這種策略一個完整的定義，下列四個數據可以作為重要的參考：

（1）市益比＝股價÷每股盈餘（每股盈餘＝稅後總盈餘÷發行股數）

（2）價銷比＝股價÷每股銷貨額（每股銷貨額＝總銷貨額÷發行股數）

（3）價格權益比＝股價÷每股權益

（4）價格現金流量比＝股價÷每股現金流量

這四種比例都是越低越符合價值策略，價值投資策略者將低比益率解讀成股價相對便宜。多低才算低呢？那就沒有一定的標準了。譬如說科技股的市益比達到50、60是常事，上千的市益比也不難見到。如果您堅持市益比在 15 以下才算便宜，那您一輩子也不會買科技股。

航空公司的市益比多在 15 以下，難道您因此而偏愛航空股嗎？投資股價相對低廉的股票當然是希望他們有朝一日能扭轉逆勢，起死回生，但就此一蹶不振的情形也不在少數。

192. 「散戶的最佳機會就是當投資大戶做出愚蠢的決定。」

—無名氏

"The best thing going for small investors is the stupidity of large investors."

— Anonymous

〈評論〉

　　散戶投資人由於知識資訊的缺乏，在股市上經常是後知後覺的一群。好不容易下定決心進場時，卻往往是夕陽無限好的局面。散戶族群稍一不慎就被套牢墊底，哀鴻遍野。散戶雖然在先天上處於劣勢，但也不必太悲觀。美國股市近年來倒有一次是散戶吃足了甜頭——網路股！

　　網路股剛上市時，由於股價與傳統的定價模型分析相去甚遠。投資機構都靠邊站著，冷眼旁觀，散戶投資人因而有大顯身手的機會。凡早期進場投資網路股的散戶莫不歡天喜地，滿載而歸。由下表可以明顯的看出，美國線上在 1998 年 11 月份的平均每筆交易量為 4051 股，散戶可沒有這麼大的手筆（散戶交易的股數通常在 100～500 股之間最多）。

eBay	183,691	310
Yahoo	424,016	438
亞　馬　遜	239,550	453
Lycos	178,843	580
美　國　線　上	59,621	4051

　　當今重量級的網路股：eBay、雅虎與在 1998 年的平均交易量分別為 310 股、438 股、453 股，顯見是散戶的天下。我們可以肯定地說，大部分網路股是散戶炒熱的。

193.

「我對散戶的忠告是：學習對經常賠錢的小投資處之泰然，但是得把握住那些不常出現的大贏機會。」

——無名氏

"My advice to retail investors is that learn to live with overwhelmingly frequent small losses, but grab for less frequent large winnings"

——Anonymous

〈評論〉

　　索羅斯先生在長期資本管理避險基金破產之後評論：「我覺得他們的策略在 99.9% 情況下都能賺錢。」索羅斯先生大概是不忍在人家破產後加以苛責，才說出這麼仁慈的話。一個在 999 天裡每一天都賺幾塊錢，可是就在那麼一天痛賠了一百萬的投資策略會沒有問題嗎？其實這個道理很明顯，致富的關鍵在大賺而不是常賺，股票投資也是如此。散戶的資金通常太小，以至於無法考慮風險適當分散的資產配置，選股票投資是必然的事實。

　　選股時，不要寄望百發百中，那是不可能的事。套用某位不知名的專業交易員的話：

　　「十筆買賣中，平均有七筆是賠錢的。可是我們把握住其它三筆狠狠地大賺，而我的同事有些人是七筆小賺，三筆大賠。」關鍵不是賺錢的機率，而是把握賺多的機會，緊緊握住能大贏的股票，不要太早脫手。

　　不過這恐怕是股票投資裡最困難的一部分。如果您手上有一支不斷創新高的股票，而您開始有患得患失的感覺時，一個比較務實的建議是：分梯次賣出。

194.「完全不知道自己在幹什麼的投資人，才需要多樣化的資產配置。」

―華倫・巴菲特

"Wide diversification is only required when investors do not understand what they are doing."

— Warren Buffett

〈評論〉

美國有一句大家耳熟能詳的諺語：「不要將所有的蛋放在同一個籃子裡。」鋼鐵大王卡內基先生卻有不同的想法：「把所有的蛋放在同一個籃子裡，然後小心看好這個籃子。」

舉一個例子進一步說明巴菲特先生的話，如何將財富分配在下列四種資產上：

績優股、成長股、國債、定期儲蓄存款？對一個不懂投資的人來說，直覺是決策的基礎。他的答案可能是：各放一些吧（更可能的答案是：那就各放 1／4 吧！）。 我們看到的是一個廣泛分散風險的決定，這個決定也未必是不好的決定。

精通投資理論的人則會先問：我能承受的風險有多大？其次的問題才是在一個可接受的風險水準下，如何決定資產的組合。為此之故，最後決定的配置很可能只涵蓋了部分的金融資產，而不是所有的資產。例如說，風險承受力高的投資人，投資組合就可能以高風險、高收益的成長股為核心；風險承受力低的人，便集中在風險低的公共產業股（水、電、瓦斯、交通等）。

195.

「由於未來絕不會清晰地呈現，你會為不成熟的意見付出龐大的代價。當其他人貪得無厭的時候，我們卻心懷恐懼；而當其他人在心懷恐懼時，我們則貪婪的買進。」

—華倫‧巴菲特

"The future is never clear; you pay high price for cheery consensus. We simply attempt to be fearful when others are greedy and to be greedy when others are fearful."

— Warren Buffett

〈評論〉

　　華爾街永遠處於貪婪與恐懼交替循環的狀態。對牛市過分樂觀的人貪得無厭；對熊市過分悲觀的人則畏怯不前。今天的牛市能持續多久？熊市什麼時候結束？永遠不會有清晰的訊號。巴菲特先生告訴我們當牛怒吼時要有憂患意識，當熊發威時則要有投資的勇氣。

　　當投資大眾對網路股貪得無厭的時候，巴菲特先生則心懷恐懼，以致於他始終沒有趕上新經濟的浪潮。巴菲特先生肯定也希望自己曾握有雅虎或思科的股票，這不是事後的譏諷，而是說明投資大師在事前對不可知的未來做事先的判斷時，也無法十拿九穩。

196.

「許多投資人最大的錯誤，就是死抱著賠錢的投資太久。如果你當初買進一支股票的理由已經不成立，只剩下飄渺的希望，就賣掉認賠了事。承認錯誤會有解脫的輕鬆感。」

——麥克‧布勞希，《前線的教訓》一書作者

"The single biggest mistake many investors make is to hold on to losing position for too long. When your original reasons for being in a stock change and you are left with only hope , sell and take your losses. There is something liberating about confession.

— Michael Brush, author of "Lessons from the Front Line"

〈評論〉

買進一檔股票之前，最好花五分鐘時間把買進的理由跟自己說一遍，不習慣自言自語的人可以跟家人或朋友說一遍。若能寫下買進的理由供日後參考，那就更加穩當。假如您連買進的理由都說不清楚，保證你在股票市場是錢途無亮。

當初買進股票的理由，也是日後撤退的根據。原來認為企業的成長潛力無窮，後來發現由於競爭者眾，企業的成長趨緩，此時也是考慮賣掉股票的時候了。到了該賣的時候，賠本也得賣。

認賠是兵家常事，小賠的損失日後可以再賺回來；大賠之後的元氣大傷，恐怕會令您就此一蹶不振。一個

簡單的算術可以說明賠小與賠大的區別：100元的股票，下跌20%後必須要上漲25%（20除以80）才會回到原價位；若是下跌了50%則必須日後上漲100%才能回到原價位。

由於下跌的速度通常是快過上漲的速度（至少投資人的心裡是這麼感覺的），一支股票可能在一個星期內就跌了50％。如果您還抱著不放，只能用長期投資的藉口來安慰自己了。如果真是短時期內就大出血式地跌得乾淨倒也爽快，若是長期緩慢地下跌，投資人心理受折磨的滋味只有用股市煉獄來形容了。

197. 「只有少數幾種重要的催化劑（才能使公司的股價起死回生）。盈餘的驚喜、分析師向上調整公司的預期盈餘、執行長或是財務總監大量購入自己公司的股票。我們要看到的是確認的基本面的改善，另一個催化劑就是公司管理階層的變動。」

　　　　　　　—比爾・納葛維茲，核心區域指導基金總裁兼基金經理

"There are only a handful significant catalysts. An earning surprise. An upward revision by analysis of company earnings. Or a major purchase of shares by CEO or CFO. We want to see an identifiable fundamental change.

One more such catalysis is a change in management."

— Bill Nasgovitz, President and portfolio manager at Heartland Advisors

〈評論〉

　　一些股市的棄兒何時才會再受到投資人的青睞？購買沉入谷底的股票，等它逆轉，聽起來的確是非常動聽的策略。首先，要找到股價走勢圖跟死人的心電圖相似的股票；其次，還要確定這各公司還有撐下去的財務實力，不會宣告破產；接下來就只有等待了。

　　有些公司就此一蹶不振；有些需經數年的時間重整；有些則迅速地擺脫困境。決定的因素就在於納葛維茲先生所謂的催化劑。

198.

「他們說你不會因為獲利了結而變動。你當然不會！但是你也絕不會因為在牛市時了結4元價差的利潤而致富。」

—傑西‧利佛摩

"They say you never grow poor taking profits. No you don't. But neither do you grow rich taking a four point spread in a bull market."

— Jesse Livermore

〈評論〉

投資人只有二種情緒：希望與恐懼。問題是你該恐懼的時候，卻一廂情願的希望；而當你該滿懷希望的時候，卻又生心恐懼。一般的投資人正是如此，股價持續下跌時，不但不恐懼會損失更大，反而一廂情願地希望它回漲；股價上漲時卻又過份恐懼失去已有的帳面利潤，唯有執行有紀律的投資策略，才能避免不實際的期望和過份的恐懼。

199.「企圖逮住正在下跌股票的最低點，就好像企圖抓住一把正在落下的利刃。承接正在快速下跌的股票，其後果將是痛苦的驚愕，因為你將不可避免地握到錯誤的地方。」

—彼得・林區

"Trying to catch the bottom of a falling stock is like trying to catch a falling knife. Grabbing a rapidly falling stock results in painful surprises, because inevitably you grab it in the wrong place."

— Peter Lynch

〈評論〉

　　多麼血淋淋的一句警語！如何握住一把正在落下的利刃呢？最好的方法正是等到利刃落地插入土中，這時候再輕鬆握住刀柄拔出。買進一檔下跌中的股票，圖的是逢低買進，等候形勢逆轉。

　　買股票通常有二種類型：釣沉底魚與搭順風車。釣沉底魚的投資人，偏愛收購便宜貨，抱著逢低買進的心理，以期未來逢高賣出。這個人人皆懂的道理有個不實際的缺點：低點在哪裡？多低才算低？林區先生的話提供了釣沉底魚投資人一個警惕。另一類型是搭順風車的投資人，追高的勇氣十足，他們相信上漲的趨勢具有動量（momentum）就算緊急煞車也要滑行一陣才停得下來。就像釣沉底魚找不到最低點一樣，搭順風車的投資人也沒有可靠的方法來判別股價是否到了最高點。搭順風車可不要搭上最後一班車，而被套牢墊底。

200.

「景氣循環股，由於他們本身的特性並不是特別刺激的股票。記住一個重要的原則：這些股票的復甦通常是……波動不已。」

—吉姆・朱百克

"Cyclical stocks are not, by their nature, especially exciting stocks. Just remember an important principle *about cyclicals; Recoveries in these stocks tend to be, well cyclical."*

　　— Jim Jubak

〈評論〉

　　鋼鐵、汽車零件、化工類等景氣循環股，基本上並不像雅虎或 eBay 等成長股會由谷底直線上升。他們的特性是上下波動，搖搖晃晃地攀升。只要景氣復甦的訊號可信，景氣循環股的每一波股價高峰與谷底會隨著趨勢遞增。

　　對景氣循環股有興趣的投資人，都想把握住股價回升的起飛點。一旦有景氣復甦的消息公佈：有些投資人便沉不住氣地進場購買，深怕搭不上上漲的列車。相反的，若有景氣衰退的消息，投資人便紛紛的拋售。事實上，景氣復甦的訊號極不易解讀。例如每一季度公佈的國內生產毛額並不是個精確的數字，隨後還會有修正的數字公佈。

　　為此之故，錯誤的判斷經常發生，以致於景氣循環股長常呈現多重的谷底，意味著投資人會有多重的進場機會，所以耐心是投資景氣循環股的要訣。

第廿三章
華爾街諺語

賣掉賠錢股減少損失，
抱住賺錢股看它上漲。

Wall Street Sayings

201.

「謠言滿天飛時買進，消息公佈後賣出。」

—華爾街諺語

"Buy on the rumor; sell on the news."

— Wall St. Saying

〈評論〉

天下沒有絕對的機密，利多的好消息多少會洩漏出來。明天頭條新聞的內容在好幾天，甚至在好幾個星期前，早已在華爾街盛傳。說者滔滔不絕，口沫橫飛；聽者頻頻點頭，受用不已。特別是在盈餘公佈之前，更是謠言滿天飛。公司在公佈令人振奮的盈餘報告之前，股價早因謠言而飛漲。在盈餘公佈的當天，經常是先漲後跌，平盤收場。

一個有趣的現象是，在盈餘公佈的前三天，若股價顯著上漲，則盈餘超過預期的機率甚高。這項觀察對大型藍籌股的適用性不高，因為大企業的管理結構較完善，盈餘資料先行外洩的可能性較低。

202.

「大部分的群眾總是錯誤的」，而且「明顯的跡象即是明顯的錯誤。」

—華爾街諺語

"The majority is always wrong", and "If it is obvious, it is obviously wrong."

— Wall St. Saying

〈評論〉

　一項調查結果顯示：90% 的瑞典人都認為自己駕車技術高於平均值，這怎麼可能？因為最多只可能有 50% 的人高於平均啊！所以有 40% 高估了自己的駕車技術。就像瑞典人高估了自己的駕車技術一樣，有多少投資人高估了自己對股市的判斷能力？絕大部分的投資人對自己選股的能力過分自信。如果一個跡象已經明顯到每個人都看得出來時，您還相信這個跡象會帶給您好機會嗎？

203.

「不要和聯邦儲備銀行作對。」

—華爾街諺語

"Don't fight the Fed."

— Wall St. Saying

〈評論〉

　　短期利率的變動是決定股市走向的要素之一，聯邦儲備銀行可以透過利率的調整來影響股市。所以，除了市場機能這雙無形的手之外，還有聯邦儲備銀行這雙有形的手在主導股市的變化。

　　聯邦銀行的貨幣政策目標，在減低景氣循環的波動。經濟過度繁榮，以至於有過度通貨膨脹之虞時，聯邦儲備銀行便會通過市場操作來調高利率，緊縮銀根。一旦經濟數據有了通貨膨脹的暗示，債市與股市會因為投資人預期聯儲銀行將調高利率而下挫。

　　不過，股市有些時候會和聯儲銀行作對，造成債市下跌、股市上漲的背離現象。債市從不會與聯儲銀行作對，只要有調高利率的預期，債券價格會應聲下跌。股市有時候會瀰漫過分樂觀的論調，抵消了利率上漲對股市的不利影響。例如：預期企業盈餘成長的幅度將超過利率上漲的不利因素，所以股價可繼續上揚。由於認定科技股比較不受調高利率的影響，所以了造成傳統股下跌，但「新經濟」概念的科技股卻逆勢上漲的分歧現象。

　　如果您預期聯邦儲備銀行將調高利率，股市卻反常上漲，千萬不要和聯儲銀行作對，傻呼呼地買進股票。要知道，在高利率的貨幣條件下，股市的繁榮肯定是個泡沫。雖然我們不能正確的預期泡沫破滅的時機，但又何必把鈔票換成泡沫，承擔隨時要破滅的風險？

204. 「不要和市場行情作對；讓趨勢成為你的朋友。」

「賣掉賠錢股減少損失，抱住賺錢股看它上漲。」

——華爾街諺語

"Don't fight the tape; Make the trend your fried."

"Cut you losses and let your winners run."

— Wall St. Saying

〈評論〉

（1）如果您的判斷與市場走勢相反，趕緊撤出，修正您的預期。和市場對峙的莽漢都是抱著不信邪的態度，下場一定是悽涼兩個字。傾家蕩產的賭徒大多不信邪地蠻幹。

（2）1998 與 1999 兩年網路股上漲的趨勢銳不可擋。如果您不敢與這種趨勢交朋友，也千萬不要跟他過不去。有許多投資人看不慣（還是情緒作祟）網路股上漲的趨勢而賣空網路股，結果當然是壯烈成仁。

（3）趙小姐開了一家服裝店，生意鼎盛。過了一年，她把服裝店給賣了，原因是:可以了，我賺夠了。您是不是覺得她吃錯藥了？楊小姐買了一檔股票一星期內漲了二千元，她也決定把股票給賣了，您會不會覺得她和趙小姐一樣吃錯藥了？ 如果您不會輕易的賣掉一家賺錢的服飾店，為什麼要輕易的賣掉一檔賺錢的股票？賣股票的原因絕對不能是「差不多，賺夠了！」反過來說，周小姐開了家電腦公司，生意清淡，於是決定賣掉轉行，您是不是覺得：「對啊！不賺錢，再耗下去也沒意思。」

　　龍小姐買了一檔股票後，股價一直下跌。她死死的守住，抱著不賣不賠的阿Q心理，您覺得她有道理嗎？賣股票一定要有道理，這個道理是：您不再看好這檔股票，或是您有更佳的投資機會，才有理由脫手。

205. 「不要把牛市和智慧混為一談。」

—華爾街諺語

"Don't confuse brains with a bull market."

— Wall St. Saying

〈評論〉

　　一般人在股市賺錢的時候，多半相信自己選股的能力不錯；賠錢的時候則大嘆運氣不好，股市不合理。在1996年到1998年亞洲金融危機之前的這段牛市期間，就連猴子丟飛鏢選出的股票，我看都很少賠錢。1999年的那斯達克市場瘋狂上漲80%，在這種市場，能賺錢是意料中事，不賺錢才是莫名其妙。全面上漲的牛市絕不是您選股能力的證明。請不要將牛市誤會成您的投資智慧。

206.

「對熊派人士而言，沒有夠低的價格；對牛派人士而言，沒有一個價格是太高的價格。」

——華爾街諺語

"No price is too low for a bear or too high for a bull."

—— Wall St. Saying

〈評論〉

第一種看法可以被引申出「打落水狗」的賣空策略。在華爾街最受採用的賣空策略，就是挑選那些已經被股市修理得慘兮兮的股票，繼續賣空，趕盡殺絕。賣空人士認為這些財務上有問題，市場前景不佳的企業陷入萬劫不復的機率甚大，此時不宰更待何時？打落水狗的賣空策略當然不是穩賺不賠，但是獲勝的機率是比賣空節節上漲的股票要大得多。

第二種看法亦引申出「乘勝追擊」的積極購買策略。追高的勇氣十足，創新高的股票是最愛。也有人宣稱：乘勝追擊的獲勝機率要比買落水狗要大。

該獲利了結還是乘勝追擊？該打落水狗還是買落水狗？建議是：不論是做多還是做空，最好避免二種策略混合使用，免得連錯二次（例如說乘勝追擊短期失利後，轉為賣空策略，名之為「做多不成轉做空」）。

第廿四章

股票投資備忘錄

在過去，
經紀人開玩笑地說
首次公開發行的意思是
「極可能過度高估股價」。
在今天，
更好的說法也許是
「事實上，我已經著迷了」。

Memo of Stock Investment

207.

「我們之所以進入金融投機，跟女人下海陪客是同樣的頭腦錯亂。原因是在於這是不需要吃苦，又極少講究智慧思考的一種群體活動，而且對那些沒有特殊技能的人來說，這的確是非常確實可行的賺錢方式。」

——理察‧奈伊

"Most of us enter the speculating investment business for the same sanity-destoring reasons that a woman becomes a prostitute. It avoids the menace of hard work, is a group activity that requires little in the way of intellect, and is a practical means of making money for those who with no special talent for anything else."

— Richard Ney

〈評論〉

如果您沒有正當職業，以炒股維生，恐怕也像奈先生說的：你的頭腦已經錯亂了。歡場女人人老珠黃的悲劇，只不過換了一套劇本在投機客身上重演——賠得一文不名。

208.「任何一個創業投資計畫都會歷經下列的過程：興奮、事變、覺醒、找罪魁禍首、懲罰無辜的人。最後嘛，裝飾一些什麼事都沒有幹的檯面人物。」

—無名氏

"Any new venture goes through the following stages: enthusiasm, complications, disillusionment, search for the guilty, punishment of the innocent, and decoration of those who did nothing."

— Anonymous

〈評論〉

　　為此之故，企業的董事會成員千萬不可以包括投資銀行家、商業銀行家以及律師。

209.「衍生性的金融資產就好像一把電鋸，如果您詳讀使用說明，它會是非常有用的工具。但是未成年人不准使用，同時你自己在使用時也必須格外地小心。」

—查爾斯・泰勒，美國銀行家

"Derivatives are just like chainsaws. If you read the instructions , they are very useful, but you shouldn't let minors use them, and you should be careful about using them yourself."

— Charles Taylor, American Banker

〈評論〉

　　衍生性證券資產的定義如下：凡是收益率決定於其他證券價格的金融資產，主要的衍生性證券有股票期權（option）、認購期權（warrant）、期貨（futures）以及遠期外匯（forwards）。

　　衍生性證券是限制級的投資工具，嚴格來說，他們不是投資工具，而是避險工具。衍生性證券僅是一紙合約，它不像普通股享有企業資產的所有權。衍生性證券本是用來轉移風險的有效工具，禁不住誘惑而在衍生性金融市場上買賣風險的投機客往往是壯烈成仁。衍生性金融市場更是散戶投資人的禁地，美國證券交易所的總裁理查‧賽朗（Richard Syron）警告說：你們會發現衍生性證券是一個有 11 個英文字母的「他媽的！」（derivatives 有 11 個字母）。

210. 「期權商品可以被用來當做賭博的工具，但是股票、債券、期貨商品，甚至國庫券也同樣可以。然而，期權能夠被用來達到完全是非投機性的目的：避險、平衡、防禦、鎖定利潤，以及規避或是減少風險，而不是承擔風險。期權是如此有用的金融工具，我們怎麼能草率地斥責它是個賭博的工具。」

―哈里森‧羅斯，科文證券

"Options might be used for gambling, but so can stocks, bonds, commodities, and even Treasury securities. However, they can and are used for completely non-speculative purposes; hedging, protecting a position, locking in a profit and generally avoiding or reducing rather than assuming risk. This is much too good a tool to be dismissed as a gambling device."

— Harrison Roth, Cowen & Company

〈評論〉
　　因為非投機性的目的而進入期權市場的投資人才會是贏家，在期權市場上懷著投機的心理的賭客肯定是輸家。另一個要訣是：當莊家（發行期權）的人贏的機率較大。發行期權的目的是降低風險，舉個例來說，假設您三個月以前以每股 50 元買入 300 股 Z 公司股票，目前市值為每股一百元。由於現在股市震盪得很厲害，您不知道是究竟該持有呢？還是賣出了結利潤？這時候您不妨考慮當莊家，發行看漲期權。

　　假設您發行執行股價為110元三個月有效的看漲期權，意思是說期權的買者有權利在三個月之內，以每股110元的價格買下您手中的股票。為了要享有這個權利，購買者必須支付900元（類似權利金）。

	股價＝95	股價＝105	股價＝115
發行期權	28500 + 900	31500 + 900	110 × 300 + 900
持有股票	28500	31500	34500

　　三個月的股價是多少沒人知道，但以三種假想價格來說明發行看漲期權的結果。如果三個月內，股價從未超過110元，看漲期權自動失效。您坐收900元期權的權利金，收益絕對大於繼續持有的策略。如果您價格不超過113元，您仍然划算。超過了113元後，您會少賺？例如說當價格為115元時，您少賺了600元。發行期權的作用等於是轉移風險，而買您期權的人吸收了部分的風險。在期權市場玩，一定要當莊家（期權如何定價則是更深一層的專門學問）。

211.

　　「散戶在信息上的優勢，不太可能超過替期權做市場定價的專業交易員。替期權做市場定價的專業交易員，把期權視為非常短期的金融工具，但是一般投資人可沒有這種極短期的想法。由於期權短期定價的特性，您在市場上交易的對手很可能就是專業交易員。與他對抗，並且獲勝是一件極困難的事，除非你運氣很好，而賺錢是不能靠運氣的。」

—肯尼士·葛里芬，砲台投資集團總裁

"It's unlikely that retail investors have an information advantage over the professionals. The professional traders who price potions see them as very short vehicles, but the average investor doesn't think that way. With option priced for the short run, you are more likely to be trading against a pro. And it's very difficult to battle him and win . You have to be lucky, and that's not the way to make nonesy."

— Kenneth Griffin, President, Citadel Investment Group

〈評論〉

　　想要進入期權的市場的有志之士請注意，建議您仔細琢磨葛里芬先生的話。葛里芬先生是專家中的專家，他管理的避險基金，以全美最高的收益率（經風險指數調整過的收益率）奪得 1999 年的另類投資大獎（Alternative Investment Awards）。這項大獎等於是避險基金業裡的奧斯卡獎，最令人深思的一部分是：「一般投資人並不認為期權是個短期的金融工具」，如果沒有培養出「極短期」的心態（例如說，有些期權在葛里芬先生的手中只待了幾分鐘的時間），在期權市場的散戶是拼不過那些專業經理人的。

　　就算你有短期的心態，若沒有極豐富的訊息，也做不出適當的極短期決定。根據芝加哥的期貨交易所與紐約期權市場估計，大約 80%～95% 的散戶全是輸家。

212.「雖然沒有首次公開發行股票市場的瘋狂指數可供參考，但是這個市場必定是到了快瘋狂的程度。」

—巴頓・比格斯，摩根史坦利證券

"There is no craziness index of the IPO market, but it's got to be getting close."

— Barton Biggs, Morgan Stanley

〈評論〉

　　1999 年是首次公開發行股票最風光的一年，在首次發行的當天，股價平均上漲了 70%。相對於 1990～1998 年之間平均才上漲 14% 來說，這種飆漲的氣勢使得股票上市成為投資人人賺錢，企業家致富的捷徑。1997～1999 年間，平均每年有 520 家新企業上市，無怪乎矽谷每天可以產生 10 個百萬富翁。許多小公司憑著一個新奇好聽的主意，在嚴重虧損的狀態下竟也能公開上市，而且股價還一路攀升，令人不解。整個首次公開發行的股票市場，根本是一個泡沫滿天飛，瘋狂的派對。

雅虎在 1996 年上市；亞馬遜在 1997 年上市；eBay 在 1998 年 9 月上市，預計以每股 18 元發行 350 萬股。公開發行當日，股價扶搖直上，衝到 54 元的高價，並以 47 元做收，2 個月後股價竟然高達 193 元一股。這種匪夷所思的短期收益率怎麼不令投資人瘋狂？

其他滿載而歸的上市股票，還有 1999 年 1 月份上市的「市場追蹤」（首次發行日上漲 4.5 倍）、2 月份上市的「希爾松」（首次發行日上漲 2.9 倍）以及 1999 年 7 月上市的「中華網」。中華網預定以每股 20 元發行 420 萬股，當天收盤價為 67 元一股，上漲率達 235%。

華爾街人士說：「短期下，股市像一個投票所，但在長期下，股市是一個過磅所。」現在投資人瘋狂地投資網路股股票，這些股票遲早要站上去秤秤真正的重量。

213. 「在過去，經紀人開玩笑地說首次公開發行的意思是『極可能過度高估股價』。在今天，更好的說法也許是『實際上，我已經著迷了』。」

—珍・奎恩

"In the old days. Brokers joked that IPO means " It's probably overpriced." Better words today might be " I'm practically obsessed."

— Jane Quinn, Newsweek

〈評論〉

　　90 年代末期，投資人莫不視首次公開發行股票市場為淘金寶地。還有比動輒以數倍於承銷價上漲的利益更誘人的事嗎？如果能有幸以承銷價購入的話。不過這麼好的事是轉不到散戶。大的投資機構先捲走了一大塊，大約佔發行股的 85％，剩下的再由大證券商瓜分，通常每一個證券商通常也只能拿到數萬股而已。就算每個人有權限購買 100 股，您從經紀人手上買到的機會也是微乎其微。

　　所以一般散戶只能對新上市股乾瞪眼、吞口水了。當然，散戶可以在公開發行首日後進場購買，但是投機的風險就大大地提高。

　　1999 年 14 家最成功的上市公司，在當天共募集了 30 億美元。但是到了 2000 年一月底時，有 9 家股價已跌到發行首日的收盤價以下。所以在發行首日已高於承銷價購入的風險較大，投資機構在以承銷價購得新股之後，也許在數小時或數天後便可能脫手轉售給一般投資大眾。您可以想見的是，投資機構是不會輕易轉售他們看好的新股。

　　散戶在發行首日後若想進場，可不要太衝動，最好先觀察一個星期再說，因為第一個星期的促銷可能會過份抬高股價。首日發行的一個月，是一個敏感的時刻，承銷商會在此時公佈新企業的前景預測分析（不消說，承銷商必定是公佈前途無限的報告）。發行首日後的 6 個月是另一個敏感期，此時新企業的高階經理才可以賣掉手上的持股（通常規定企業的員工在 180 天內不准出售持股）。

　　投資新上市股票切忌衝動，如果您看好這個企業，您會有很多好機會以相對合理的價格購入。如果買不到承銷價（其他也有許多新上市股後來還跌到承銷價以下， 雅虎即是一例），不妨冷眼旁觀一陣，不必在發行首日，或是一個星期內高價買入。另一個方法是：乾脆購買專門盯住首次公開發行市場的共同基金。

214. 「股票和賭彩券是一樣的荒唐，除非你能夠不受到賭本賠光的影響。」

—帕爾曼，世界知名小提琴家

"Betting on the stock market is as ludicrous as betting on the lottery. Unless you are so independent financially that you can afford to give the money away."

— Itzhak Perlman, world well-known vilolinist

〈評論〉

　　玩股票該玩多大呢？那得看你想吃得好呢？還是想睡得好。有些人涉足了股票市場後吃也吃得不好，睡也睡得不好，這樣的人還是遠離股市為妙。想睡得好，就得量力而為，不要買風險太大的股票。想吃得好，或許您可以多承擔點風險。

　　其實應該決定自己能夠承擔多少風險，確定自己能夠睡得好。如果您因為輸了而痛心疾首地睡不著覺，或是因為手上的股票天天上漲，患得患失而睡不著覺，您也許該減少股票上的投資。買股票賺了錢自然可以吃得好；賠了錢，雖然不能吃得太好，但也不要吃得太差，總要維持每個週末還能上館子吃燒烤。

215. 「股票投資有點像做愛。說到底，它是一門需要某種天份的藝術，而且存在著一種叫運氣的神秘力量……。與做愛相似的另一個重要的關聯是，誰捨得放棄這麼有趣的事。」

—伯頓‧墨基爾，普林斯頓大學教授

"Investing is a bit like lovemaking. Ultimately it is really an art requiring a certain talent and the presence of a mysterious force called luck …… In another important respect, it's too much

fun to give up."

— Burton Malkiel, Professor of Princeton University

〈評論〉

　　我在想大多數男人對這二件事感興趣的主要原因是：吹噓。男人在吹噓做愛時的那份自我膨脹的勁就甭提了，在吹噓做股票時，那更是到了無邊無際的程度。有幸逮到一檔賺錢的股票，簡直是敲鑼打鼓，到處奔走告知親友。幾點幾分的股市行情背得精確無比，再配上自己英勇殺進明智殺出的奮戰事蹟，彷彿成了笑傲股市的第一高手。不消說，賠了錢的股票只有百分之百打落牙齒和血吞的悲壯，眉宇之間透露出心事誰人知的英雄落寞。

　　男人之所以會在吹噓這兩件事上獲得巨大的滿足，除了虛榮心作祟之外，另一個主要的原因是沒有被揭穿的危險。吹噓做愛時的當場是沒有證人的，同樣地，吹噓炒股票時也沒有人會用自己的帳戶的交易紀錄來佐證。

CEO這麼說：突破變局的領導名言 /
朱家祥著 -- 初版 -- 臺北市： 臺灣商務，
2004[民93]
　　面： 公分 --（經理人系列：2）
中英對照
ISBN 957- 05- 1888- X（精裝）
1. 格言　2. 成功法
494　　　　　　　　93010351

經理人系列 2

CEO這麼說
——突破變局的領導名言

作者　朱家祥
特約主編　徐桂生
責任編輯　曾秉常 林東翰
校對　王妙玉 曾秉常 林東翰 朱家祥
美術設計　白淑美
電腦排版　辰皓國際出版製作有限公司
發行人　王學哲
出版者　臺灣商務印書館股份有限公司
地址　臺北市10036重慶南路1段37號
電話　(02)2311-6118・2311-5538
傳眞　(02)2371-0274・2370-1091
讀者服務專線　0800056196
郵政劃撥　0000165-1
E-mail　cptw@ms12.hinet.net
網址　www.commercialpress.com.tw
出版事業登記證　局版北市業字第993號

初版一刷　2004年7月
定價新臺幣 300 元
ISBN　957-05-1888-X